技工院校学生职业素养系列读本

我与心灵有个约会

——心理健康教育读本

主　编：葛振娣

副主编：刘从香

编　者：葛振娣　刘从香

田　勇　张永亮

苏州大学出版社

图书在版编目(CIP)数据

我与心灵有个约会:心理健康教育读本/葛振娣主编.—苏州:苏州大学出版社,2013.5(2020.8重印)
(技工院校学生职业素养系列读本/王志强主编)
ISBN 978-7-5672-0452-2

Ⅰ.①我… Ⅱ.①葛… Ⅲ.①心理健康—健康教育—高等职业教育—教学参考资料 Ⅳ.①B844.2

中国版本图书馆 CIP 数据核字(2013)第105580号

我与心灵有个约会
——心理健康教育读本
葛振娣 主编
责任编辑 张晓明

苏州大学出版社出版发行
(地址:苏州市十梓街1号 邮编:215006)
虎彩印艺股份有限公司印装
(地址:东莞市虎门镇北栅陈村工业区 邮编:523898)

开本 787 mm×1 092 mm 1/16 印张 9.5 字数 151千
2013年5月第1版 2020年8月第2次印刷
ISBN 978-7-5672-0452-2 定价:23.50元

苏州大学版图书若有印装错误,本社负责调换
苏州大学出版社营销部 电话:0512-67481020
苏州大学出版社网址 http://www.sudapress.com

技工院校学生职业素养系列读本

序 ……
Foreword

教育是中华民族振兴和社会进步的基石，加快发展职业教育，既是当前社会经济发展的需要，也是促进全面建成小康社会的需要。

党的十八大提出，加快发展现代职业教育，坚持教育为社会主义现代化建设服务、为人民服务，把立德树人作为教育的根本任务，全面实施素质教育，着力提高教育质量，培养学生社会责任感、创新精神、实践能力，培养德、智、体、美全面发展的社会主义建设者和接班人。

从党的十七大报告中的"大力发展职业教育"，到党的十八大报告中的"加快发展现代职业教育"，"现代"两字的加入，赋予了职业教育改革与发展新的目标和内涵。现代职业教育不仅要注重对学生技能的培养，而且要注重对学生现代职业道德、职业素质的培养，将人才培养目标与现代市场需求"零距离"对接，把人才培养同经济社会发展需要真正结合起来。

我们编写的这套《技工院校学生职业素养系列读本》，以全面贯彻素质教育为目的，旨在让技工院校的学生从了解自己、信任自己开始，学会为自己的学习生活定位，为将来的职业生涯定向。丛书通过不同的专题视角，使技校生切实领悟"条条大路通罗马"、"路是自己走出来的"等道理，让技校生切身感悟到除了传统的升学路之外，还有很多适合技校生自我发展、自我提升的途径，作为技校生，只要正视自我，树立自信，发挥特长，把握机会，勇于进取，同样能走出精彩的人生之路。

这套丛书的作者都是多年从事职业教育的教师，他们富有经验，热爱学生，是技校生最可信赖的良师益友。当同学们抱读《技工院校学生职业素养系列读本》时，就犹如与挚友促膝畅谈——谈入学适应、谈人际交往、谈团队协作、谈品质修炼、谈心理素养、谈创新能力、谈职前训练、谈职业生涯、谈创业能力、谈就业指导、谈安全避险。我们希望通过这套丛书，开发技校生素质教育的丰富内容，挖掘技校生不同个体的潜质和精神气质，使学生增强适应能力，提升心理品质，提高协作能力，练就职业技能，具备职业意识，把学生培养成为尊重他人、善于沟通、一专多能、德才兼备的高素质人才。

本套书的编写，以“教育要面向现代化，面向世界，面向未来”为指针，以党和国家教育方针以及中等职业教育的培养目标为依据，直接体现中等职业教育培养“与我国社会主义现代化建设要求相适应，德、智、体、美全面发展，具有综合职业能力，在生产、服务一线工作的高素质劳动者和技能型人才”的目标要求。丛书既可以作为技工院校学生了解自我、规划人生的通识读本，也可以供关注自我发展和自我实现的普通读者阅读。

《技工院校学生职业素养系列读本》编委会

2013 年 5 月

前言
Preface

教育部《中等职业学校学生心理健康教育指导纲要》明确指出：在中等职业学校开展心理健康教育，是促进学生全面发展的需要，是实施素质教育，提高学生全面素质和综合职业能力的必然要求。与现代化建设相适应的高素质技能型人才，除了必须具备良好的文化素质和身体素质外，心理素质至关重要。

技工院校的学生正处于身心发展的关键期，在我国经济飞速发展的今天，他们面临着诸多社会压力，这给他们的心理世界带来了巨大的冲撞和震荡，也使其产生了诸多的心理问题，这种状况势必影响技工院校学生的身体健康和人格发展。为了帮助技工院校的学生提高自我心理保健的自觉性，有效解决学生在成长、生活、学习及求职就业中遇到的问题，我们组织编写了这本以"读心、识心、育心"为主题的心理健康教育读本。

本书依据当代技工院校学生的身心特点和现实状况，按照理论性与实践性相结合、针对性与趣味性相结合、思想性与艺术性相结合等基本原则编写而成。全书共五篇、十四章，以"现实生活"为主体，贯彻落实"自我剖析"的主旨，重点关注技工院校学生内在心理品质的养成和心理潜能的开发。我们不仅要做到发现问题，还要做到及时解决问题，正确引导学生认识自我，使其具有健全的人格、高尚的情操、融洽的人际关系、积极的理想追求和较好的社会适应能力。

作为技工院校学生的心理健康读本，本书在内容上尽量做到贴近实际、贴近生活、贴近学生,形式上力求脉络清晰、案例适用、语言活泼、深入浅出。我们期待本书能成为帮助学生迎接挑战、发展自我的“良师益友”,成为正在成长道路上的技工院校学生的最好的礼物。亲爱的同学们,请记住,在你们成长的道路上,我们一直都在你们身边。

本书作者均来自仪征技师学院,具有较为丰富的心理健康教育工作经验。他们是:刘从香(认识篇、修养篇)、张永亮(排忧篇)、田勇(解难篇)、葛振娣(求职篇)。全书的审稿、统稿及最后的定稿工作均由葛振娣负责完成。

在本书的编写过程中,我们参阅了许多学者、同行的研究成果;本书的出版得到了苏州大学出版社的鼎力支持,在此一并表示感谢!

本书可作为各类技工院校职业素养公共课的教材和学生的自学读物,也可作为家长进行家庭教育的指导用书。限于我们的研究视野与编写水平,书中难免有许多不足之处,恳请广大读者批评指正。

编　者

目 录

Contents

认识篇

Part 1

走进你的心灵

快乐、烦恼，是我们每个人都拥有的。有时候，我们面对烦恼总会一直耿耿于怀，然而面对快乐总是忽略它。我们的心灵似乎老是把快乐拒之门外，而烦恼却轻而易举地走进了我们的心灵。其实，生活中处处都有快乐，让我们把这些快乐收藏起来，放进我们的心灵，让快乐的气息包围着你并感染给其他人吧！让快乐走进我们的心灵，让每个人都感受到快乐吧！

第一章 揭开心灵的神秘面纱
——认识心灵

一个人的内心就是一个丰富的世界。拥有健康的心态，能使心灵更宁静，使生活更自信，使人生更辉煌！容颜之美会随着岁月和时光的流逝而渐渐消逝，但心灵之美一旦被人们记住，就会被人们永远尊崇和敬仰。

他到底怎么了？

李某，某技工院校学生。开学第一个月，该生表现比较好，见到老师主动问好；及时、认真地完成各科作业；同学之间关系良好，能主动帮助别人。因为篮球打得比较好，他深得老师的器重，在同学中也有一定的威望。但是，一个月之后，该生的一些不良习惯逐渐暴露出来：上课经常做小动作，甚至趴在桌上睡觉；老师教育他时公然顶撞老师；过分热衷于体育活动，经常旷课去打篮球；对待同学傲慢无礼，渐渐地没人愿意和他在一起。以上种种让老师和家长比较头疼，他已经被列入“问题学生”的名单之中。

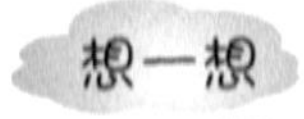

通过本章学习，你能为李某找到症结之所在吗？

认识心理健康

一、心理健康的含义

1946 年召开的第三届国际心理卫生大会上，世界心理卫生联合会将心理健康定义为："所谓心理健康，是指在身体智能以及感情上与其他人的心理健康不相矛盾的范围内，将个人心境发展成最佳的状态。"1989 年，联合国世界卫生组织（WHO，World Health Organization）对健康作了新的定义，即"健康不仅是没有疾病，而且包括躯体健康、心理健康、社会适应良好和道德健康"。

二、心理健康的标准（第三届国际心理卫生大会）

1. 身体、智力、情绪十分调和；
2. 适应环境，人际关系中彼此谦让；
3. 有幸福感；
4. 在工作和职业中，能充分发挥自己的能力，过着有效率的生活。

松一松生命的发条

蜘蛛说，我织网只为了生存，而人织网是为了无尽的贪欲。势力的毒，傲慢的香。当各种欲望的网越结越厚时，人们便会作茧自缚，喘不过气。人啊！你何不松一松生命的发条，退一步海阔天空，让自己破茧成蝶后飞翔？放弃也是种幸福！

有个小孩每次出去玩都拿着他最心爱的玩具——五颜六色的气球。有次，妈妈带他去公园，游玩间隙，妈妈从包中拿出一把精致的口琴，吹出一首首动听的乐曲。小孩有心想要口琴，但又舍不得放弃手中的气球，左右为难之际，妈妈停止了吹奏，笑眯眯地看着他那一瞬间的选择。他毅然决然地松开了拿着气球的手，奔向母亲索要口琴，最后他成为了著名的音乐家。

生命过程其实是一个选择与放弃的过程，放弃我们并不真正需要的东西，转而抓住自己真正想用一生去追寻的东西，这样生命才能获得最大的价值。松一松生命的发条，试着放弃吧！放弃原来不属于你的一切，放弃那些为了称得上体面而购买的昂贵的衣服，为漂亮而花费重金购买的化妆品、高级包包、名牌鞋，甚至一段不属于自己的感情……

我的健康我做主

1. 保持乐观的情绪。要热爱生活，善于在生活中寻找乐趣，即便是家务，也不应视为负担，而是带着情趣去干，比如做饭，不断尝试新花样，享受烹饪的快乐。努力学习，在进取中实现自己的人生价值，感受成功的乐趣。

保持乐观心态

2. 善于排除不良情绪。遇到不顺心的事，别闷在心里，要善于把心中的烦恼或困惑及时讲出来，使消极情绪得以释放，从而保持愉悦心情。

3. 经常帮助别人。助人为乐是一种高尚美德，其作用不仅能使被帮助者感受到人间真情，为其解决一时之难，也可以使助人者感到助人后的快慰。经常帮助别人，能够使自己常处在一种良好的心境中。

4. 善待别人，心胸大度。以谅解、宽容、信任、友爱等积极态度与人相处，会得到快乐的情绪体验。尤其是被人误解的时候，要亮出高姿态，这样对方晓知真相后才会更佩服。宽容、关心别人有利于营造好心境。

5. 要有广泛的爱好。比如收藏、体育、旅游、音乐等，全身心地投入其中，享受其间的乐趣，既能增长知识，又能广泛交友。在心境不佳时，兴趣活动能够起到化解作用。

6. 保持一颗童心。随着年岁的增长，有人会产生“看破红尘”的感觉，对什么都不感兴趣，这样不利于心理健康。保持一颗童心，对任何事物都心存好奇，不论对知识更新还是对身心健康，都有好处。

7. 培养生活中的幽默感。除了严肃、正式的场合外，在同事、朋友乃至家人中，说话时适当地使用幽默语言，对活跃气氛、融洽关系非常有益。

8. 学会协调自己与社会的关系。随着社会的发展,我们要经常调整自己的意识和行为,适应社会的规范,并不断学习,提高自己的适应力,减少困惑和压力,保持心理健康。

趣味测试
QUWEICESHI

如何消除我们的压力

一个小女孩抓住一只气球想飞上天空,但如果只有一只气球,小女孩很可能会掉下来。请你为小女孩多画几只气球,好让她一直在天空中飞翔。

测试解读:

画了 10 个以上气球的人

◎ 旅行可以让心情放松

你所承受的精神压力已经到了即将崩溃的地步,抛开一切,外出旅行是解决压力的最好方法!

日常生活中那些压力消除法已经无法疗愈你的心灵。虽然工作和人际关系的确很重要,但如果不及时休息,可能会对健康造成比较严重的不良影响。

只要开始全新的生活,就一定可以恢复开朗的心情。

画了 7 ~9 个气球的人

◎ 做一下运动，流一流汗

由于工作和学习繁忙，所以你承受了很大的精神压力，不妨活动活动身体。不要因为平时工作、学习太忙，一到假日就整天躺在床上，这样，根本不可能消除精神压力。做一做运动，让汗水尽情地流淌，再睡个好觉，一定可以恢复往日的活力。

即使不挑战高难度运动，跑跑步或散散步也能有足够的效果。如果可以，每天持续运动十分钟也是好的。

画了 4 ~6 个气球的人

◎ 和好友一起去唱唱卡拉 OK

由于人际关系和工作上的瓶颈而感受到强大的精神压力，和三五好友一起去唱唱卡拉 OK 将是你消除压力的最佳方法。

吃一些好吃的东西，放声高歌几曲，就可以让精神重新振奋。但是，由于内心积存了相当多的不满，所以，不要太忘乎所以，尤其不要借酒消愁！

画了 3 个气球的人

◎ 试试运气

你的精神压力来自于周围人对你的期待。所以，对你来说，逛街购物和购买彩票就可以有效地消除精神压力！

但是，如果花费太多钱，事后就会沮丧万分，这等于雪上加霜。所以，应该定一个金额约束自己。购物的话，不要买实用品；在投彩时要做好输的准备。

要有“花钱消灾”的心态，以崭新的心情迎接新的一天。

画了 2 个气球的人

◎ 让自己沉醉在大自然中

人际关系是你精神压力的最大来源，接触大自然是消除压力的最佳手段！

不妨去山上或海边野餐，重点是一定要自己一个人去。不必在意别人，一个人自由自在地与大自然接触，定能恢复往日的斗志。

如果没有时间外出，可以在家泡个芳香浴，让芳香浴为你赶走日常生活中的烦恼。

画了1个气球的人

◎ 寻找自己的兴趣所在,让生活更加充实愉快

一成不变的日常生活是导致你精神压力的元凶,所以,寻找新的兴趣爱好将可以有效解决这些问题。

电影、音乐或者其他,只要是能够让自己投入的内容,都可以将之培养为自己的兴趣所在。

以轻松的心情享受自己的兴趣时,平凡的日常生活也将变得更加充实。或许能够透过这些兴趣去发现一片新的天地。

我思我悟
WOSIWOWU

对照心理健康的定义及标准,你觉得自己做得比较好的方面有哪些?还有哪些需要完善的地方?

____

____

____

____

____

____

____

温馨小结
WENXINXIAOJIE

今天我学会了:

1. 心理健康的含义及标准;
2. 如何消除心理压力;
3. 怎样为自己减压。

第二章　拨开我们内心的迷雾

——悦纳自我

如果你不能做一棵挺拔高大的松树，那么就做一丛坚强有力的灌木吧，一样能给人们带来春天的气息！生活中，我们会取得向往的成功，也会不可避免地遭遇失败，只要你真心地接受自己，就是对美最好的诠释。

菁菁的“蝴蝶结”

菁菁是个总爱低着头的女孩，因为她一直觉得自己长得不够漂亮。一天，她在饰品店看中了一只蓝色的蝴蝶结，当她试戴时，店主不断赞美她戴上蝴蝶结多么漂亮，店里的其他顾客也纷纷投来羡慕的目光，于是菁菁高兴地买下了蝴蝶结。走出饰品店，菁菁不由地昂起了头，一路上都觉得自己备受瞩目。走进校园，迎面碰上了语文老师，“菁菁，你昂起头来真漂亮！”老师慈爱地拍拍她的肩说。那一天，菁菁觉得很幸福，因为很多以前不搭理她的同学都主动和她聊天，她想：一定是蝴蝶结带来的神奇力量。当她一路跑回家站在镜子前时，却发现头上根本就没有蝴蝶结，原来，她在付钱时将蝴蝶结落在了收银台。

想一想

是什么使大家改变了对菁菁的态度？那个蝴蝶结真有那么神奇的力量吗？

悦纳自我

悦,即愉悦、高兴;纳,即接纳、承认。悦纳自我,即愉悦、高兴地接纳、承认自己。这是一种积极向上的精神状态。它包含三个方面的含义:

1. 生理自我,指个体对自己外表和体质状况的观察和认识,包括外貌、风度、健康状况等方面。例如,我个子很高,我很强壮等。

2. 心理自我,指对自己精神世界的观察,包括对自己的智力、能力、性格、兴趣、爱好、特长等方面的观察和认识。例如,我是个胆小的人,我爱好天文等。

3. 社会自我,指对自我形象的观察和认识。例如,我是一名技校生,我是个受欢迎的人等。

悦纳自我的力量

小泽征尔是世界著名的音乐指挥家。一次,他去欧洲参加指挥大赛,决赛时,他被安排在最后。评委交给他一张乐谱,小泽征尔稍做准备便全神贯注地指挥起来。突然,他发现乐曲中出现了一点不和谐,开始他以为是演奏错了,就指挥乐队停下来重奏,但仍觉得不自然,他感到乐谱确实有问题。可是,在场的作曲家和评委会权威人士都声明乐谱不会有问题,认为是他的错觉。面对几百名国际音乐界的权威,他不免对自己的判断产生了动摇。但是,他考虑再三,坚信自己的判断是正确的。于是,他大声说:"不!一定是乐谱错了!"他的声音刚落,评判席上那些评委们立即站起来,向他报以热烈的掌声,祝贺他大赛夺魁。原来,这是评委们精心设计的一个"圈套",以试探指挥家们在发现错误而权威人士不承认的情况下,是否能够坚持自己的判断,因为,只有具备这种素质的人,才真正称得上世界一流音乐指挥家。在三名选手中,只有小泽征尔相信自己而不附和权威们的意见,从而获得了这次世界音乐指挥家大赛的桂冠。

自信是一种力量，无论身处顺境还是逆境，都应该微笑地、平静地面对人生。有了自信，生活便有了希望。“天生我材必有用”，哪怕命运之神一次次把我们捉弄，只要拥有自信，拥有一颗自强不息、积极向上的心，成功迟早会属于你。当然，自信也要有分寸，过分自信会让人变得狂妄自大、目中无人，必然会导致人生的失败。

从现在开始学会悦纳自我

认识自我难，接受和悦纳自我则更难。不能悦纳自我的人，会有强烈的自卑心理；不能悦纳自我的人，往往会进行伪装，如对自己容貌缺乏自信的女人往往会浓妆艳抹；不能悦纳自我的人，往往害怕失败，畏缩不前，甚至会自暴自弃，自我否定，自我拒绝。帮助人们达到充分自我悦纳的途径有以下三条：

一、消除误解

我们接受的正统教育总是向人们灌输理想人格的观念，而忽视引导人们正视自己的缺点和为社会价值观所不容许的一面。事实上，每个人都有冲动，有攻击性，有本能的欲望。人有时会产生与社会崇尚的理想人格不相符合的观念，有时会有与社会期望不相符合的行为。这些观念和行为往往成为人们不能自我悦纳的根源。实际上，这种观念、这种行为，几乎每个人都曾有过。对于这些方面，我们应当正视，它们可能是人性的阴暗面，但又是自然的体现。我们害怕暴露、害怕承认并导致我们自我贬低的许多观念和行动，并不只是某个人有，而是多数人都会有，重要的是要正确地对待。

二、善待自我

我们应努力找出自己的“闪光点”，努力发现自己的优点。我们可能无法一次就直接达到目标，但可以将目标分解为一天之内可以达到的一个个小目标，每达到一天的目标后，就自我肯定一次。要知道，做一个高尚的人较难，但高尚的开始就是不庸俗，我们不庸俗一次，就是向高尚前进一步。我们应相信自己的无穷潜力，任何时候都“不要说不会，要永远说 OK”。我们还应注重陶冶性情,保持健康的情绪。健康的情绪能使自己保持适当的紧张和敏感度,这样才能避免在挫折中陷入太深而丧失自我。每时每刻都要提醒自己:诚实而平心静气地检讨得与失。

三、学会运用积极的自我暗示

为了避免自尊心受到伤害,我们不妨采用一些策略性的自我美化的暗示,如社会比较("比上不足,比下有余")、选择性遗忘(记住成功经历,忘记失败经历)、自我照顾归因(将成功归于自己的努力和能力,将失败归结于自己的不努力和运气不佳),等等。

适当地悦纳自我,相信你会发现自己身上更多的闪光点。

趣味测试
QUWEICESHI

你足够悦纳自我吗?

指导语:你对自己的态度如何?你足够爱自己吗?请你用"是"或者"否"回答以下问题。

评分标准:"是"记1分,"否"不记分,最后把得分汇总。

1. 我觉得疼痛是一种赐予。
2. 我在所有领域里都是完美主义者,再小的不完美都会让我感觉难受。
3. 我会因自己的过错严重而持续地惩罚自己。
4. 我的内心不断地告诉我,必须改变自己。
5. 我一天学习、工作10个小时以上。
6. 我从来不背离事实,即使我会因此而树敌。
7. 我经常承担他人犯下的过错。
8. 当我无事可做时,我无法安静下来。
9. 压力越大,我的感觉就越好。
10. 当我感觉不太舒服的时候,我不会马上去看医生。
11. 每一种我看到的不公平现象都能够唤起我的斗争欲望。
12. 我的生活里总是充满危机。
13. 进行体育活动时,我觉得挑战自己的体力极限是一种享受。

14. 在学校里，我和老师吵架的次数比和同学更多。

15. 我很少会为自己争取利益，但是会为他人争取利益。

16. 即使遇到不顺心的事情，我仍然对自己的处境感到满意。

【测试结果解析】

7分以下：你对自己很好，你认为把生活变得艰辛是没有意义的。你知道，产生英雄的地方往往环境和情况都不容乐观。你并不寻求这种让人不舒服的、需要人具有特殊勇气的地方。你宁可避免危机的出现，也不愿意在危机中用勇气证明自己、显示自己。你认为这不是怯懦，而是谨慎和聪明。

7～12分：你经受了生活的考验，喜欢寻求挑战。只有当你通过成就证明了自己的时候，你才能相信自己是一个有价值的人。因此你对自己要求过高，超出了适当的范围。在这点上，你表现出一种自我困扰的倾向。但是你对此有不同的看法，把它看作勤奋或者特别的责任感。

12分以上：你对待自己太苛刻了。你严格地要求自己，也同样严格地要求其他人。你走在人生的道路上，从来不看后果——你走的道路不是所有人都走的，这可能是勇敢的标志。但如果你是认真的，你会让自己身处险境。你经常由于不明智而给自己造成困惑，而后又需要用很大的勇气来解决这些问题，因为只有在危机中你才能真正活跃起来。你困扰自己和惩罚自己的倾向总是大于爱护自己、享受生活的倾向。

心理箴言

每个人都需要善待自己，不管是身体还是精神都需要呵护。悦纳自我不是一件容易的事。首先要放松心情，保持心理平衡；其次要完善自己，做自己想做的事情；最后要弥补过去的不足。另外，我们不应该把生活看作一个必须显示出自己勇气的竞技场。

我思我悟
WOSIWOWU

相信从现在开始，你一定树立了悦纳自我的信心。那么，学习了以上内容，你有什么打算呢？

温馨小结
WENXINXIAOJIE

今天我学会了：

1. 悦纳自我的含义；
2. 自信的作用；
3. 如何悦纳自我。

修养篇

Part 2

塑造你的魅力

一颗热爱生命的心灵对修养和魅力不应该是漠视和冷淡的，对修养和魅力的追求应当成为生命的一部分。电影《泰坦尼克号》中有一句经典台词："享受生活每一天。"怎样的生活才算是享受每一天，甚至是每一分、每一秒呢？"享受生活每一天"意味着挑战昨天的自我，完善今天的自我，创造明天崭新的自我；"享受生活每一天"同时也代表着对修养与魅力有着执着的渴望与追求，一起来塑造我们的魅力，做个有修养的文明人吧！

第三章　做个有气质的人
——塑造气质

古印度人认为，人应该把中年以后的岁月全部用来自觉和思索，以便找寻自我最深处的芳香。我们可能做不到那样，不过，假如一个人到了一定年龄，还不能从心灵自然地散发出芬芳，那就像白色的玉兰或含笑竟然没有任何香气一样可悲了。可见，一个人的气质弥足珍贵。

如诗般的气质

气质是雪地里的一枝梅，长空中的一只雁，戈壁滩上的一座茅草屋。

气质是淙淙流淌的泉水，缥缈悠扬的歌声，淡雅高洁的图画。

气质是内心深处流淌出来的睿智，飘飘荡荡，无色无形，含羞带媚，遐想无限。

气质是知识底蕴厚积薄发的舒缓钟声，余音袅袅，沁人肺腑，怡情旷性。

山色有无中，默默地注视，静静地沉思，如一瓣落花轻轻飘落水面；静室听夜雨，摇曳的烛光前，将额前一缕青丝悄悄地抿上头，继而回眸一笑。

气质不是装腔作势的卖弄，装出来的气质容易流于庸俗；气质不是故作深沉的冷漠，趾高气扬的做作昭示着浅薄。

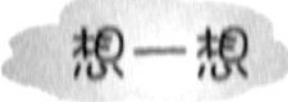

你觉得什么是气质？你想成为具有哪些气质的人？

什么是气质

一、气质的含义

气质,《辞海》释为:人的相对稳定的个性特点和风格气度。

二、气质的分类

1. 多血质。灵活性高,易于适应环境变化,善于交际,在工作、学习中精力充沛而且效率高; 对什么都感兴趣,但情感、兴趣易于变化;有些投机取巧,易骄傲,受不了一成不变的生活。代表人物:孙悟空、王熙凤。

2. 黏液质。反应比较缓慢,坚持而稳健地辛勤工作;动作缓慢而沉着,能克制冲动,严格恪守既定的工作制度和生活秩序;情绪不易激动,也不易流露感情;自制力强,不爱显露自己的才能;固定性有余而灵活性不足。代表人物:鲁迅。

3. 胆汁质。情绪易激动,反应迅速,行动敏捷,暴躁而有力;性急,有一种强烈而迅速燃烧的热情,不能自制;在克服困难上有坚韧不拔的劲头,但不善于考虑能否做到;工作有明显的周期性,能以极大的热情投身于事业,也准备克服且正在克服通向目标的重重困难和障碍,但当精力消耗殆尽时,便失去信心,情绪顿时转为沮丧而一事无成。代表人物:张飞。

4. 抑郁质。高度的情绪易感性,主观上把很弱的刺激当作强作用来感受,常为微不足道的原因而动感情,且有力持久;行动表现上迟缓,有些孤僻;遇到困难时优柔寡断,面临危险时极度恐惧。代表人物:林黛玉。

你的气质与你未来的职业

气质本身并没有善恶、好坏之分,每种气质都有积极的一面,也有消极的一面。但是,人们所从事的职业、不同的岗位,却对从业人员的气质有不同的要求。某种气质特征往往能为胜任某项工作提供有利条件,而对另一些工作又表现出明显的不适应。研究和实践都表明:气质特征是选择职业的重要依据之一。

1. 多血质气质与职业选择。多血质的主要特征是活泼、好动、敏感、反应快、善于交际，兴趣与情绪易转换。择业时，积极主动、热情大方、善于推销自己、适应性强，很受用人单位欢迎。通常适合于常需出头露面和交际方面的职业，如记者、律师、公关人员、秘书、艺术工作者等。

2. 黏液质气质与职业选择。黏液质的主要特征是安静、稳定、反应迟缓、沉默寡言，情绪不易外露，善于忍耐。择业时，沉着冷静，目标确定后，具有执着追求、坚持不懈的韧性，从而弥补了其他素质的不足。一般适合于医务、图书管理、情报翻译、教员、营业员等工作。

3. 胆汁质气质与职业的选择。胆汁质的基本特征是直率、热情、精力旺盛、脾气急躁、情绪兴奋性高、易冲动、反应迅速、心境变化剧烈。择业时，主动性强，具有竞争意识，通常倾向选择且适合于竞争激烈、冒险性和风险性强的职业或社会服务型的职业，如运动员、改革者、探险者等，甚至适合到偏远及开放地区从业。

4. 抑郁质气质与职业选择。抑郁质的典型特征是情绪体验深刻、孤僻、行动迟缓、感受性强、敏感、细致。择业时，思虑周密，有步骤，有计划，一般较适合从事理论研究工作等。

以上只是从气质典型的角度论及各种气质与职业选择的关联。每一个求职者应从自己的实际气质特征出发，认真考察职业气质要求与自身特征的对应关系，选择那些能使自己气质的积极方面得到发挥的职业与岗位，避开消极的一面。

塑造你的良好气质

一、沉稳

1. 不要随便显露你的情绪。

2. 不要逢人就诉说你的困难和遭遇。

3. 在征询别人的意见之前，自己先思考，但不要先讲。

4. 不要一有机会就唠叨你的不满。

5. 重要的决定尽量与别人商量，最好隔一天再发布。
6. 讲话不要有任何的慌张，走路也是。

二、细心

1. 对身边发生的事情，常思考它们的因果关系。
2. 对做不到位的执行问题，要发掘它们的根本症结。
3. 对习以为常的做事方法，要有改进或优化的建议。
4. 做什么事情都要养成有条不紊和井然有序的习惯。
5. 经常找几个别人看不出来的毛病或弊端。
6. 自己要随时随地对有所不足的地方补位。

三、胆识

1. 不要常用缺乏自信的词句。
2. 不要常常反悔和轻易推翻已经决定的事。
3. 在众人争执不休时，不要没有主见。
4. 整体氛围低落时，你要乐观、阳光。
5. 做任何事情都要用心，因为有人在看着你。
6. 事情不顺的时候，歇口气，重新寻找突破口，即使结束也要干净利落。

四、大度

1. 不要刻意把有可能是伙伴的人变成对手。
2. 对别人的小过失、小错误不要斤斤计较。
3. 在金钱上要大方，学习三施（财施、法施、无畏施）。
4. 不要有权力的傲慢和知识的偏见。
5. 任何成果和成就都应和别人分享。
6. 必须有人牺牲或奉献的时候，自己走在前面。

趣味测试
QUWEICESHI

我到底属于哪种气质类型？

测试说明导语：下面总共有60道题，大致可确定你的气质类型。每个问题没有对错之分，无需再三考虑，把你脑海里想到的第一答案写下来。若与你的情况“很符合”记2分，“较符合”记1分，“一般”记0分，“较不符合”记

1分,“很不符合”记2分。请记好题号与相应的分数,以便于计算结果。

1. 做事力求稳妥,不做无把握的事。
2. 遇到可气的事就怒不可遏,想把心里的话全说出来才痛快。
3. 宁肯一个人干事,不愿很多人在一起。
4. 到一个新环境里很快能适应。
5. 厌恶那些强烈的刺激,如尖叫、噪音、危险的情景等。
6. 和人争吵时,总是先发制人,喜欢挑衅。
7. 喜欢安静的环境。
8. 善于和人交往。
9. 羡慕那些善于克制自己情感的人。
10. 生活有规律,极少违反作息制度。
11. 在多数情况下情绪是乐观的。
12. 碰到陌生人觉得很拘束。
13. 遇到令人气愤的事,能很好地自我克制。
14. 做事总是有旺盛的精力。
15. 遇到问题常常举棋不定,优柔寡断。
16. 在人群中从不觉得过分拘束。
17. 情绪高昂时,觉得干什么事都有趣;情绪低落时,又觉得什么都没意思。
18. 当注意力集中于一事物时,别的事很难使我分心。
19. 理解问题总比别人快。
20. 碰到危险情景,常有一种极度恐惧感。
21. 对学习、工作、事业怀有很高的热情。
22. 能够长时间做枯燥、单调的工作。
23. 符合兴趣的事情,干起来劲头十足,否则就不想干。
24. 一点小事就能引起情绪波动。
25. 讨厌做那种需要耐心、细致的工作。
26. 与人交往不卑不亢。
27. 喜欢参加剧烈的活动。

28. 爱看感情细腻、描写人物内心活动的文学作品。
29. 工作学习时间长了,常感到厌倦。
30. 不喜欢长时间谈论一个问题,愿意实际动手干。
31. 宁愿侃侃而谈,不愿窃窃私语。
32. 别人说我总是闷闷不乐。
33. 理解问题常比别人慢些。
34. 疲倦时只要短暂的休息就能精神抖擞,重新投入工作。
35. 心里有话宁愿自己想,不愿说出来。
36. 认准一个目标就希望尽快实现,不达目的,誓不罢休。
37. 学习、工作同样长时间后,常比别人更疲倦。
38. 做事有些莽撞,常常不考虑后果。
39. 老师讲授新知识时,总希望能讲得慢些,多重复几遍。
40. 能够很快忘记那些不愉快的事情。
41. 做作业或做一件事情,总比别人花的时间多。
42. 喜欢运动量大的剧烈的体育活动,或参加各种文艺活动。
43. 不能很快将注意力从一件事转移到另一件事上去。
44. 接受一项任务后就希望尽快把它完成。
45. 认为墨守成规比冒风险更强些。
46. 能够同时注意几件事。
47. 当我烦闷的时候,别人很难使我高兴。
48. 爱看情节起伏跌宕、激动人心的小说。
49. 对工作抱着认真严谨、始终如一的态度。
50. 和周围人们的关系总是相处不好。
51. 喜欢复习学过的知识,重复做已经掌握的工作。
52. 希望做变化大、花样多的工作。
53. 小时候会背的诗歌,我似乎比别人记得清楚。
54. 别人说我“出语伤人”,可我并不觉得这样。
55. 在体育活动中常因反应慢而落后。
56. 反应敏捷,头脑机智。
57. 喜欢有条理而不甚麻烦的工作。

58. 兴奋的事常使我失眠。
59. 老师讲的新概念常常听不懂，但是弄懂后就难以忘记。
60. 假若工作枯燥无味，马上就会情绪低落。

【测试结果解析】

把每题得分按下表题号相加，并计算各栏的总分。

胆汁质(A) 2 6 9 14 17 21 27 31 36 38 42 48 50 54 58　合计________

多血质(B) 4 8 11 16 19 23 25 29 34 40 44 46 52 56 60　合计________

黏液质(C) 1 7 10 13 18 22 26 30 33 39 43 45 49 55 57　合计________

抑郁质(D) 3 5 12 15 20 24 28 32 35 37 41 47 51 53 59　合计________

如 A 栏得分超出 40 分，并明显高于其他三栏（ >8 分），则为典型胆汁质，其余类推；

如 A 栏得分在 1 ~ 40 分之间，并高于其他三栏，则为一般胆汁质，其余类推；

如果出现两栏得分接近（ <6 分），并明显高于其他两栏（ >8 分），则为混合型气质，如胆汁质—多血质混合型，黏液质—抑郁质混合型等；

如四栏分数皆不高且相近（ <6 分），则为四种气质的混合型。

多数人的气质类型是一般型气质或两种气质的混合型，典型气质和三四种气质混合型的人较少。

如果某类型气质得分明显高出其他三种，均高出 8 分以上，则可定为该类气质。如果两种气质得分接近，其差异低于 6 分，而且又明显高于其他两种，则可定为两种气质的混合型。如果三种气质得分均高于第四种，而且接近，则为三种气质的混合型。

每种气质类型的表现特征已在定义中说明，大家对照一下，看看和自己平时的表现是不是很相似。

看看你的气质测试结果，和你平时的表现对比一下，你觉得自己还有哪些需要完善的地方？

____

____

____

____

____

____

温馨小结
WENXINXIAOJIE

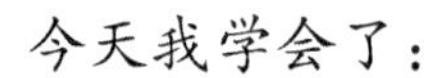

今天我学会了：

1. 气质的含义及分类；
2. 判断自己的气质类型；
3. 如何做一个有气质的人。

第四章　做个有个性的人

——了解性格

东方古语云:“积行成习,积习成性,积性成命。”西方也有名言:“播下一个行为,收获一种习惯;播下一种习惯,收获一种性格;播下一种性格,收获一种命运。”可见性格对于一个人发展的重要性。

性格真的会决定命运吗?

1998 年 5 月,华盛顿大学 350 名学生有幸请来世界巨富沃沦·巴菲特和比尔·盖茨演讲。当学生们问“你们怎么才能变得比上帝还富有?”这一有趣的问题时,巴菲特说:“这个问题非常简单,原因不在智商。为什么聪明人会做一些阻碍自己发挥全部功效的事情呢?原因在于习惯、性格和脾气。”对此,比尔·盖茨也表示赞同。无论在工作还是生活中,都是性格决定命运。性格好比水泥柱子中的钢筋铁骨,而知识和学问则是浇筑的混凝土。

想一想

性格对于一个人的发展真的那么重要吗?举一个发生在你身边的例子来说明。

什么是性格

一、性格的含义

性格是表现在人对现实的态度和相应的行为方式中的比较稳定的、具有核心意义的个性心理特征,是一种与社会相关最密切的人格特征。

二、性格的分类

心理学家们曾经以各自的标准和原则对性格类型进行了分类,下面是几种具有代表性的观点:

1. 从心理机能上划分,性格可分为理智型、情感型和意志型;
2. 从心理活动倾向性上划分,性格可分为内倾型和外倾型;
3. 从个体独立性上划分,性格可分为独立型、顺从型、反抗型;
4. 斯普兰格根据人们不同的价值观,将性格分为理论型、经济型、权力型、社会型、审美型、宗教型;
5. 海伦·帕玛根据人们不同的核心价值观和注意力焦点及行为习惯,把人的性格分为九种,称为九型性格,包括完美型、助人型、成就型、艺术型、理智型、疑惑型、活跃型、领袖型、和平型;
6. 按人的行为方式,即人的言行和情感的表现方式,性格可分为A型性格、B型性格、C型性格和D型性格。

你摔的到底是什么?

常听朋友们说:“哼,我今天十分生气地摔了某某的电话。”

这时我会问:“你摔了谁的电话?”

“摔了某某的电话。”他们多半生气地如此回答。

“你是摔了‘某某’的电话吗?”我继续追问,并特别强调“某某”这个字。

“我当然没有办法摔他的,我只是狠狠地、用力地摔了自己的电话。”

“如果你把电话摔坏了，是对方赔你钱吗？”我说。

“不！”

“这就是了！”我说，“当你对别人生气或耍性格的时候，真正受伤的不是别人，而是你自己啊！”

心灵行动
XINLINGXINGDONG

如何培养我的性格？

一个人的成功，是许多优秀性格特征综合产生的结果。以下几种性格特征，对一个人的成功尤为关键：

◎ 自尊　自尊是人格健全者的标志之一。自尊心是一种高尚的品质，自尊的人关心自我形象，积极向上，有追求目标。

◎ 上进心　上进心是不断追求新成就的冲动，如果一个人总是安于现状，不思进取，肯定不能取得新的成绩。

◎ 自信　自信是在肯定自己存在价值的基础上，了解自己的长处和短处，在工作学习中扬长避短，并相信自己的能力和努力。性格中有了自信，生活里就会充满快乐。

◎ 责任感与信誉　面对困难，一个有责任心的人不会推诿逃避，不会寻找借口以求得心理的暂时安慰，而是敢于承担责任，并努力去获得成功。与一个有责任心的人交往，会有一种信任感和安全感。

◎ 勤奋　成功是百分之九十九的汗水加上百分之一的灵感。勤奋是做任何事情的基础。

◎ 坚韧不拔　坚韧不拔是事业成功的必要条件。坚强的意志表现在对确定的目标能坚持完成，不轻易半途而废。此外，坚韧不是狂妄自大，也不是固执己见，它建立在对自己能力合理评估的基础之上。

◎ 挫折忍受力　心理学家认为，从小一帆风顺的人、期望值高于本人能力的人和身体羸弱的人较易有挫折感。我们不能奢望生活中没有挫折，而应该考虑如何尽快地提高自己的挫折忍受力。

◎ 乐观豁达　乐观豁达的心胸也是保持良好心境的法宝。常从事情的积极面来看待问题，才会体会到“心旷神怡、宠辱皆忘”的心境。在人际交往中，乐观豁达的人较受人欢迎，所谓“大度集群朋”。要使自己有豁达的心胸，最佳途径是提高自身的修养。

◎ 独立和创新　独立思考的倾向是性格成熟的标志之一。一个成熟的人，应该用自己的目光去观察事物，从新的角度去分析问题，并在前人的肩膀上有所创新，在不断地创新过程中激发生命的活力，完善自己的人格。

◎ 决断力　决断力是一个人下定决心去做某件事情的一种魄力和能力。善于决断的人总是能够把握稍纵即逝的机会，果断采取措施。要做到当机立断，需要敏锐的观察力、清晰把握大局的能力，以及丰富的阅历，否则，只能是莽撞的表现。

◎ 自我控制　自我控制是一个人良好性格的重要指标之一。一个人如果不善于自控，则意味着不能有效地发动、支配自己或抑制自己的激情，控制自己的冲动，对未来的成长过程有害无益。凡事从长远考虑，不要为眼前的一时一事而放弃未来。

◎ 充沛的精力　在与人交往的过程中，要时刻保持充沛的精力，这样也会影响到你身边的人，让他们同样觉得精力充沛，干劲十足。所以，就算自己有很多不愉快，也要尽量表现得精力十足，乐观豁达。

◎ 幽默感　幽默感能够活跃彼此间的气氛，增进人与人之间的距离，能够更加迅速地交到朋友。当然，展现幽默感的时机也要把握得恰到好处，该严肃的时候还是要严肃。不过，我们的生活当中，应该有更多的笑声。

◎ 乐于助人　在交往的过程中，要以诚相待，对别人的事情热情关心，对别人的困难想办法解决，这样才能够取得别人的信赖，别人快乐的时候才会跟你一起分享，当你遇到困难的时候别人才会毫不犹豫给予帮助。帮助别人，可以从中得到一种别样的快乐。

趣味测试
QUWEICESHI

选择的座位，我的性格

如果坐火车出差或旅游，不需要对号入座，你会选择什么位置？

A. 靠窗的位置

B. 靠过道的位置
C. 靠门的位置
D. 中间的位置

【测试结果解析】

选 A 靠窗的位置：喜欢有一定的时间和空间独处；内心有较强的表现欲，只不过这种欲望并不一定表现出来；有时做事冲动，热情来了会先行动后思考。

选 B 靠过道的位置：自我保护意识很强，做事谨慎；不愿受到处界过多的约束，喜欢自由自在的感觉。

选 C 靠门的位置：对自己的事业比较热衷，但不会只有事业而没有生活；讲究生活品质，不会为金钱卖命。

选 D 中间的位置：喜欢顺其自然，希望过悠闲的生活；虽然也有对事物的好奇心，但一旦感觉对自己不利，就不会参与，十分理智。

我思我悟
WOSIWOWU

和家长、老师、朋友在一起聊聊，看看他们对于你的性格有什么好建议。你打算如何养成良好的性格。

温馨小结
WENXINXIAOJIE

今天我学会了：

1. 性格的含义及分类；
2. 判断自己的性格类型；
3. 如何培养良好的性格。

第五章 做个有好习惯的人

——播种习惯

本杰明·富兰克林说："一个人一旦有了好习惯，那它带给你的收益将是巨大的，而且是超出想象的。"习惯成自然，自然铸人生，这里面隐藏着人类本能的奥秘，相信通过你的努力一定会有所发现的。

良好的习惯，成功的钥匙

孙某是一名技校生，毕业后到一家公司应聘。面试时，外边站了很多人，而且不乏高学历、高技能的，个个看起来踌躇满志。应试者一个个被叫到经理办公室，又一个个表情严肃地走了出来。当叫到孙某时，他没有像别人那样匆忙推门而进，而是先敲门问："我可以进来吗？"经理说了声"可以"，他才进去。进门后，他又轻轻地关上了门。几天后，他意外地被聘用了。两年后，他因为工作出色被提拔为业务主管，与经理接触的机会多了，他终于把心中的疑惑说了出来："当初很多人学历比我高，技能比我强，您为什么要聘用我？"经理说："说实话，你哪一条都不比别人强，我就看中你进门时很有礼貌，懂礼貌说明你有教养，有教养的人，先不说能在公司有多大的作为，起码不会给公司制造乱子。"

面试中什么样的素质才是最重要的？你会如何做？

什么是习惯

习惯是指常常接触某种新的情况而逐渐适应，如习惯成自然；也指在长时期里逐渐养成的，一时不容易改变的行为、倾向或社会风尚。

习惯与心理健康

英国《泰晤士报》曾报道，英政府智库“展望”发布一份题为“精神资本和精神健康”的报告说，与人们通过多吃蔬菜水果维护身体健康一样，保持心理健康同样有章可循。

每天只要做五件小事，形成一些良好的习惯，就能达到促进心理健康的目的。这五件事分别是：

1. 与他人联络感情。与家人、朋友、同事和邻居发展良好的关系，可以丰富你的生活，并给你带来帮助。

2. 保持活跃。做运动，培养爱好，如舞蹈和园艺，或者仅仅是养成每天散步的习惯也可以使你感觉良好，促进身体的灵活性和身心健康。

3. 保持好奇心。注意观察日常生活的美丽和不寻常之处，学会享受时光并进行思考，这将帮助你以欣赏的眼光看待这个世界。

4. 学习。学习乐器或者烹饪等，挑战和成就感会带来乐趣及自信。

5. 奉献。帮助朋友和陌生人，将你的快乐与更广泛的社会联系在一起，你将从中受益良多。

好习惯助你更成功

爱因斯坦曾引用这样一句俏皮话：“如果人们已经忘记了他们在学校里所学的一切，那么所留下的就是教育。”换句话，可以说“忘不掉的才是素质”。而习惯正是忘不掉的最重要的素质之一。以下这些好习惯可以帮助你更加接近成功。

◎ 说了就要做　诚实守信是人的立身之本,是全部道德的基础。一个言而无信的人,别人是不屑与之为伍的;一个言而无信的民族,是自甘堕落的。

◎ 耐心听别人讲话　尊重他人是最重要的文明习惯之一,也是吸纳一切智慧的必要前提。因此,用心倾听各种声音,而不去粗鲁地打断别人或随意插嘴,是现代人应有的良好素质。

◎ 按规则行动　按规则办事是地球公民学会共处的基本准则,如果每个人只从自身利益出发,不遵守公共规则,不考虑他人的意愿,这世界必定永无宁日,也必定危及每个人的利益。

◎ 时刻记住自己的责任　是否具有责任心,是衡量一个人是不是现代人的主要标准之一。在现代社会里,人们相互依赖的程度越来越高,分工越来越细,分工越细越需要责任心,因为任何一个环节的失职,都可能导致整个事业的崩溃。

◎ 节约每一分钱　节俭不仅仅显示了个人的道德观与生活能力,也与整个人类生存发展密切相关。节约每一分钱的实质是节约资源,并从中体验人类的高尚情感与博大智慧。

◎ 天天锻炼身体　健康第一是教育永恒的方针,也是人幸福的基本保障。一个人如果不养成运动习惯,生命的质量必定下降。因此,我们每天应保证睡眠 8 小时,学习不超过 6 小时,而且运动 1 小时以上。

◎ 用过的东西放回原处　善始善终也是一项重要的素质,这不仅有助于培养我们的有序性,也有益于责任心的形成,是一种非常重要的习惯。

◎ 及时感谢别人的帮助　对于一切来自他人的帮助都应心存感激,对于一切妨碍他人的行为都应心存愧疚。如能养成及时表达内心美好感受的习惯,既可以与他人心灵沟通,又可以避免遗憾的产生,从而使自己处于健康并积极、主动的生活状态。

◎ 做事有计划　成功的事业离不开周密的设计与不懈的奋斗,我们都想走向成功,却又太宽容自己的心血来潮和胡思乱想。从最简单的事做起,譬如每天临睡之前将第二天穿戴的衣服或使用的东西摆放整齐,就是做事有计划的必要训练之一。

◎ 干净迎接每一天　不必每天坚持穿名牌，更不必奇装异服，只要求干干净净。譬如，剪去长指甲，经常换洗衣服，经常洗澡，不使自己发出异味，不在书本上乱涂乱画，等等，能做到这些，就足以表明我们对每一天都充满希望。

趣味测试
QUWEICESHI

你的习惯与个性

你假如在开车，请选出与你习惯最相近的一项：

A. 一边抽烟一边开车，停车时会把脚跷到方向盘上

B. 严格遵守交通规则，红灯停，绿灯行，就算是很空旷也一样

C. 在别人认为不可能的情况下开快车、超车，并且不能容忍别人超越自己

D. 顺着车流前进，力求平稳，有情况早早刹车。

【测试结果解析】

A. 你个性独特，平时很有主见，且不乏创意，为人刚正不阿，一切按照自己的方式生活。总体来说是个理想主义者，能力也较突出，所以不太会阿谀奉承。缺点也与此有关：处世不够圆滑，关键时候会吃一些“哑巴亏”，你身边的人可能会因为你太以自己为中心而排斥你。

B. 你是个真正的“君子”，凡事脚踏实地，遵守游戏规则。不过你唠叨和一丝不苟的性格也会让人觉得了无生趣，特别是女性会觉得你不够风趣，缺乏冒险精神。事实上过度谨慎也可能错失不少机遇，在与人沟通、交际方面如果能有所进步的话，你才有可能成为“万人迷”。

C. 你是个十分能令女孩子心动的男人。你的洒脱、自信会一下子吸引住她们的目光，因为你多半在某个方面比较出色。可惜的是你远不够老练，傲气十足且爱慕虚荣，说到做丈夫，你其实还差一大截。结婚前你费力讨好的女孩子，婚后她能够让你享受什么待遇就不好说了。

D. 你为人耿直，善于与人相处，且适应性强，办事利落，在各种场合都会受到别人的尊重和注目。不管在工作上还是恋爱上，你都会有周密的计划，有板

有眼，循序渐进，给人信任感。但尽管你很尽责，有时候内心却不是十分自信，所以不太会主动。

我思我悟
WOSIWOWU

对照你的平时表现，谈谈自己对习惯的看法，你想培养哪些好习惯。

____

____

____

____

____

温馨小结
WENXINXIAOJIE

今天我学会了：

1. 习惯的含义；
2. 习惯的重要性；
3. 如何培养好习惯。

排忧篇

Part 3

活出你的潇洒

青春是琴键上那跳动的音符，是人生旋律中奏出的和美乐章。

青春就像是叶儿，会变绿，也会变黄，但青春是只绿一季的叶。问世间青春为何物，只叫人流年感怀。

果实不容忍花瓣凋零，就无法成熟；寒冬不容忍温暖，就无法换来季节的轮回；成功不容忍失败，就无法寻得突破和转折；青春不容忍淡淡的苦涩，就很难品味出人生的韵味。

苦涩的青春仍是青春，含泪的笑仍是笑，只要心中充满希望，即使在阴雨天里，也能看到那灿烂的阳光。

平淡的人生无味，苦涩的青春芬芳。

在走过的人生岁月里，无怨、无悔……

第六章 知识改变命运

——学习心理的调适

知识就是财富，知识就是力量，知识就是快乐的源泉。著名作家王蒙说过："学习是一个人的真正看家本领，是人的第一特点，第一长处，第一智慧，第一本源，其他一切都是学习的结果，学习的恩泽。"面对竞争日趋激烈和飞速发展的知识经济时代，教育家康内尔大声向全人类呼吁："现代社会，非学不可，非善学不可，非终身学习不可。"

话题1 带着自信出发

成功的人并不是有三头六臂，只是他们走了一条适合自己的道路。

据报道，发达国家高级技工占技工比例为20%～40%，而我国还不到4%，缺口达上千万人。随着用人观念的成熟，学历和职称不再是人才评价的唯一标准，能力和技能日益得到认同。换言之，技工、蓝领已不再受人冷落，而成了令人羡慕的"市场宠儿"，成为智能密集型产业发展的重要推手。眼下，在很多家长和学生还未达到这种就业远见的时候，投身蓝领，只要下工夫学，肯定能学有所成，铸造成功的人生。正所谓"条条大路通罗马"！

一名技校新生的自白

我很失败，而且败得很惨！看着别人拿到普通高中的录取通知书，内心有种说不出的苦涩滋味。

"你呀，天生就不是读书的料！"父母的话时常在耳边回响。我真的笨吗？我不相信自己比别人笨，梦想着有一天也能像别人一样读高中，考大学。可面对可怜的分数，我的美梦被彻底粉碎了。无奈之下，我被父母推进了技工学校。

与此同时，社会上对职校的评价也让我无所适从："现在大学生找工作都难，上技工院校更没有多大出息"，"上职校纯粹就是浪费时间和金钱"……带着沮丧与失意，我不知道前方的路该如何去走……

想一想

考不上普通高中，真的就是世界末日了吗？上了普通高中，真的就是前途一片光明吗？以上案例中的同学，显然缺乏在技工院校学习的信心和方向感。那么导致我们产生困惑的主要原因有哪些呢？

正确认识学习现状

上述案例中的同学既不能正确认识、评价自己，同时也受到了社会偏见的影响，没有真正认识到在技工院校学习的意义。读书是帮助自己成长、发挥自己潜能的手段，而不是目的。因此，如果你正在为学习问题而困扰，那么试着从以下方面来调整自己的心态。

一、正确归因，走出困境

每个人在成功或失败时，都会为自己寻找原因，我们对自己学习成败的归因，会直接影响我们学习的自信心。上文中的同学将自己的失败归因于自己笨，认为是无法改变的，所以他一直生活在阴影中，没有跨出改变自己的那一步。其实，学习成绩好坏是由许多因素造成的，而且通常与我们的智力水平没有太大的关系。一般来说，导致学习成绩不理想的主要原因是用功不够、基础知识欠缺、学习方法不当等可以控制和改变的因素。

二、转变观念，增强自信

当我们身处困境时，最可怕的不是困境本身，而是自己缺乏奋斗的精神、顽强的意志和持久的恒心。我们都不笨，落后只是暂时的，现在学不好并不代表永远学不好。我们应该首先相信自己的能力，相信自己还有很多潜能未被挖掘出来，相信只要付出了实实在在的努力就一定能行。悲观、哀叹都无济于事，唯一的解决办法就是振作起来。要坚信：别人能行，我也一定能行！

三、发挥潜能，重新崛起

人人都有向上发展的潜能，这里的潜能是指人在学习活动之前，对于学习某领域的知识技能具有的潜在能力。潜能的挖掘主要依赖个人的主观努力以及参与社会实践的程度。进入技工院校，就开始了一个新的起点，站在了一条新的起跑线上，我们要想取得学业上的成功，现在努力并不晚。只要我们从现在做起，从点滴做起，坚持到底，就一定会有所收获。

以信心为伴

每个人都希望自己成功。读书时，希望成绩优秀；工作时，希望事业发达。成功可能有许多因素，但有了信心，就等于成功了一半。爱迪生说："自信是成功的第一秘诀。"在学习上，如果对自己没信心，那就不会取得好的成绩。

有这样一个耐人寻味的故事：一场突然而来的沙漠风暴，使一位旅行者迷失了方向。他带的粮食和水都被暴风卷走了。他翻遍了所有口袋，结果只找到了一个苹果。他紧握着这个苹果，一个人在沙漠中寻找出路，口渴、饥饿的时候，他就看看手上的苹果，继续寻找出路。他一次次跌倒，又一次次地爬起来向前走，心中一直想着我还有一个苹果。最后，苍天不负有心人，旅行者最终走出了沙漠，那个苹果一口也没咬过。正因为这位旅行者对前途充满信心，有一个苹果一直支持着他，所以他才获得了成功。

其实每个人都有自己的长处和短处。看不到自己的短处，则容易骄傲，这样的成功只是短暂的。看不到自己的长处，则必然会自卑。存在自卑心理的人怎么能取得成功呢？做每一件事情时，首先要相信自己，不能因为一时看不到成功就自卑，从而放弃自己。如果自己都不相信自己，那还有谁能瞧得起自己呢？要学会欣赏自己，看清自己的实力，有了自信心，就要努力，努力了才有出现奇迹的机会。

激发自己学习的信心

一、换个角度认识自己的学校和专业，掌握主动权

虽然现在的学校可能不是你最理想的选择，但“既来之，则安之”。其实，技工类院校也并不完全像你想象的那样，尝试多角度了解学校的价值，认识专业的价值，你就会发现在这里同样有你值得汲取的有益水分和养料。

二、逆风飞扬，自我激励

进了技工类院校，并不意味着你的选择是错的，也不意味着你比别人差，更不意味着你就没有资格梦想未来，问题的关键在于你如何把握自己。有一位学汽修专业的男生，他不仅没有为进了技工院校而自卑，反而倍加珍惜得来不易的学习机会。他既重视汽修专业知识的学习，更看重自身素质的培养，甚至利用课余时间学习企业管理、市场营销、语言艺术等知识。毕业后他从一家汽修店的勤杂工做起，经过几年的努力现在已经是一家汽车美容店的老板了。这说明了什么呢？生活的路有千万条，不一定非要去挤“独木桥”。不要人云亦云地否定技工院校的学习，通过技校学习同样能成就精彩的人生。

三、相信自己能成才

生活中很多人的失败，并不是因为事情本身太难，超出了他们的能力范围，而是他们不够自信，没有足够的勇气和信心去尝试。同样，对于我们而言，问题的关键不在于在哪儿读书，而在于如何去学，学到了什么，以及如何利用已有的学习条件发展自己的能力。要知道，你的身上有很多潜能有待挖掘。因此，请相信自己，为自己好好计划一下并付出实实在在的努力吧，你一定会学有所成，并实现自己的梦想。

学习自信心测试

本问卷用于了解你的自信程度及对自己的认识，共由10个题目构成。测验时，请仔细阅读问卷中的每一个题目，并与自己的实际情况相对照，对题目作出“是”或“否”的回答。

1. 早读或上课回答问题声音很小。（　）
2. 上课不敢正视老师，不敢举手回答老师的提问。（　）
3. 做作业时，遇到困难马上去问同学或老师。（　）
4. 你认为你的学习不如别人，是因为你的脑子笨。（　）
5. 家长或同学说你笨时，你会默默地接受。（　）
6. 学习上遇到困难不愿求助于同学或老师。（　）
7. 很少关心别人，与他人关系疏远。（　）
8. 在某件事上你一意孤行，不听别人劝告。（　）
9. 学习上不按要求做，自己另搞一套。（　）
10. 过度防卫，有明显的嫉妒心。（　）

【测试结果解析】

以上前5题测试学生的自信程度：如果有3题以上回答“是”，则说明你的自信心较低，甚至有自卑的心理倾向；后5题测试你能否正确认识自己，是否会产生过激行为：如果有3题以上回答“是”，说明你缺乏对自己的正确认识，有自负的心理倾向。

有了学习的自信心，才会冷静地面对学习中的挫折；有了学习的自信心，才有足够的勇气克服学习中的阻碍；有了学习的自信心，才会诚恳地投入学习；有了学习的自信心，才会去拼搏，从而走向胜利。让我们带着自信出发，走向成功人生的彼岸！

____

____

____

____

____

____

____

____

____

温馨小结
WENXINXIAOJIE

今天我学会了：

1. 正确认识自己的学习现状；
2. 树立学习的信心；
3. 激发自己的学习潜能；
4. 调整自己的学习心态。

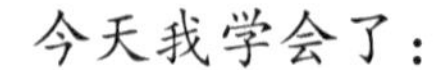

话题2　我的学习，我掌舵

无论做什么事，都要有明确的目的，学习尤其如此。目的越明确，学习积极性就越高；目标越宏伟，为实现目标所付出的努力就越多，学习意志力就越坚强。目标有大目标、小目标、远期目标、近期目标之分，小目标要从属于大目标，近期目标要为远期目标做铺垫。学习目标要根据一个人的具体情况而定，不能太低，也不能太高。太低不利于意志力的培养；太高不仅不利于目标的实现，学习积极性也可能受到打击。

目标决定行动

村长把村民集合到一起准备造一艘船。村长不停地解释造船的理由，并督促大家齐心协力，努力工作，但村民们还是渐渐懈怠下来。后来，村长想出一个办法，那就是拿起鞭子来施压。村民们因为害怕鞭子而不得不努力工作，最终不堪忍受的村民们集合起来，经过秘密商量，趁着黑夜杀掉了狠毒的村长。

经过选举，新的村长产生了，可村民们依然很懒散，船不知道什么时候才能造好。这时，新村长让村民们暂停工作，带领他们去看大海。走近大海的村民为大海的浩瀚所震撼，向往大海以外更广阔的地方。新村长说，有了船，这一切都会实现。于是，回到村子的村民们开始努力工作。不久，船就造好了。

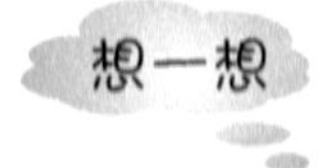

其实，作为学生的我们，也在造一条船，一条将来能够让自己遨游于人生大海的船。只有明白了我们为什么造船，我们才会有学习的动力。那么，同学们是否明白自己造船的意义呢？

学习方法点津

一、明确学习目标

无论做什么事都要有明确的目标，学习尤其如此。目标越明确，学习积极性就越高;目标越宏伟,为实现目标所付出的努力就越多,学习意志就越坚强。目标有大目标、小目标,有远期的、近期的,小到一节课,大到一生的志向都属于此范畴。小目标要从属于大目标,近期目标要为远期目标做铺垫。学习目标要根据一个人的具体情况而确定,不能太低,也不能太高。太低不利于意志的培养,太高不仅不利于目标的实现,学习积极性也会受到打击。

二、掌握记忆方法

记忆是学习中最重要的学习手段。首先,要有良好的记忆习惯。不论哪门学科都有记忆的任务,要求记住的内容必须记住,以形成习惯。其次,根据遗忘规律去记忆,即时重现,勤复习,多复习。也就是说,当天内容当天复习,本周内容本周复习,本月内容本月复习,考前再做总复习,这样才能取得最佳学习效果。

三、抓好关键环节

学习可分为四个主要环节:预习、听课、复习、作业。每个环节都有其特点与关键。预习要养成习惯,要找难点,预习的时间要根据实际情况而定。听课是最重要的环节,会听课意味着会抓重点,能理解老师的意图。复习要摸规律,复习的目的是进一步巩固、掌握学习内容,以便摸清其内在规律,在运用中举一反三。作业要独立完成,典型的题目要反复练习,这样才能形成技能技巧。

四、做好笔记与作业

好记性不如烂笔头。记笔记是一种良好的听课习惯,上课时不能只听不记,更不能只记不听。可以记在课本上,也可以记在笔记本上,方便今后复习。

布置作业的目的是巩固学习的知识。做作业前首先阅读一遍课本内容,同时结合老师讲课的内容,这样做等于及时地复习了一遍,然后再做作业,这样既快速又能保证作业质量,达到最佳的学习效果。

五、交叉学习内容

脑卫生学者告诉我们,大脑长久接受同一类信息刺激,使某一部位长久兴奋,就容易产生疲劳,降低学习效率。若及时转换学习内容,合理调节“兴奋点”,就可以避免大脑某一兴奋区长时间过于紧张,同时使别的部位出现新的兴奋区。在学习内容的安排上,要注意各门学科交替进行,特别是文理交替。学习之余,若做一些文体活动,或干点家务活,可使大脑原有的兴奋区得到调节。这样，既能缓解疲劳，又能增强体魄，从而延长连续阅读的时间，提高学习效率。

端正学习心态

许多时候，目标与现实之间往往有一定的距离。我们必须学会随时调整心态。我们无法为出生负责，但我们一定要为自己的人生负责。生命是属于我们的，应该好好经营它。如果期待改变我们的命运，首先要改变心的轨迹。明确自己对待学习的态度，合理规划自己的人生，让我们一同来演绎精彩的生活！

大雨过后，周围变得湿漉漉的，一只蜘蛛正往墙上爬，它想爬回自己的网。由于墙被雨淋湿了，很滑，蜘蛛爬到一定的高度就会掉下来，但蜘蛛不停地重复着。第一个看到的人，说："这只蜘蛛真傻，明知道会失败还是一次次地尝试，它不知道放弃吗？"这个人最终成为一个碌碌无为的人。第二个看到的人，说："这只蜘蛛真蠢，它怎么不会从干燥的一头往上爬呢？"这个人最终成为一个聪明的人。第三个看到的人，说："这只蜘蛛真顽强，一次次失败，又一次次重新爬起来，我要学习这种精神。"这个人最终成为一个拥有顽强斗志的人。

心态不同，所看到的东西也不同。只要拥有成功者的心态，那么离成功也就不远了，学习不也是如此吗？

正确给自己定位

古有书生为了"修身、齐家、治国、平天下"的人生抱负而读书，近有周恩来"为中华之崛起"的伟大理想而读书，现在更多的学生抱着"知识改变命运"的信念而读书，为实现自己的人生理想而读书。请问问自己，你在为何而读书？

有一首歌这样唱道："人生有梦才算美，几度风雨多轮回，沧桑摔出铁打汉，滚石酿出震天雷。"让我们珍视机遇，迎接挑战，自觉地在艰苦中磨炼，做一个新世纪的铁打汉、震天雷吧！

爱因斯坦在念小学和中学时，功课平常。教他希腊文和拉丁文的老师对他很厌恶，曾经公开骂他长大后肯定不成器，甚至曾想把他赶出校门。但他对代数、几何和物理有着浓厚的兴趣，凭借在这些方面的成就，他最终成为伟大的物理学家。比尔·盖茨尚未读完大学就被迫退学，但他凭自己在计算机上的优势和天分成为世界首富。还有许多在校成绩平平的同学，走向社会后却取得了惊人的成绩，这都是因为他们找到并最大限度地发挥了自己的优势。

给自己定位的几句箴言

我知道自己在意什么，所以我知道飞向哪里。

相信自己，是一种坚持，并不容易。

牢记我要的，不强求其他。

心灵的成长，才是真正的成长。

快乐是不要给予超过自己现状的压力。

想达到目标，就要具备为之付出的觉悟。

努力是一种态度，不是为达到目的而做的交易。

良好的习惯使人快乐，但养成的过程艰苦难受。

趣味测试
QUWEICESHI

学习动机测试

本问卷由20个题目构成，用于了解你在学习动机、学习兴趣、学习目标制定上是否存在行为困扰。测验时，请仔细阅读问卷中的每一个题目，并与自己的实际情况相对照。若相符，请在题目后打“√”，不相符合则打“×”。

1. 如果别人不督促你，你极少主动地学习。
2. 当你读书时，需要很长的时间才能提起精神来。
3. 你一读书就觉得疲劳与厌倦，只想睡觉。
4. 除了老师指定的作业外，你不想再多看书。

5. 如有不懂的,你根本不想设法弄懂它。

6. 你常想自己不用花太多的时间成绩也会超过别人。

7. 你迫切希望自己在短时间内就大幅度提高学习成绩。

8. 你常为短时间内成绩没能提高而烦恼不已。

9. 为了及时完成某项作业,你宁愿废寝忘食、通宵达旦。

10. 为了把功课学好,你放弃了许多感兴趣的活动,如体育锻炼、看电影等。

11. 你觉得读书没意思,想去找个工作做。

12. 你常认为课本的基础知识没啥好学的,看高深的理论、读大作品才带劲。

13. 只在你喜欢的科目上狠下工夫,而对不喜欢的科目放任自流。

14. 你花在课外读物上的时间比花在教科书上的时间要多得多。

15. 你把自己的时间平均分配在各科上。

16. 你给自己定下的学习目标,多数因做不到而不得不放弃。

17. 你总是同时为实现几个学习目标忙得焦头烂额。

18. 为了应付每天的学习任务,你已经感到力不从心。

19. 为了实现一个大目标,你不再给自己制定循序渐进的小目标。

【测试结果解析】

每个题目打"√"记1分,打"×"记0分。上述19个题目可分成4组,它们分别测查学生在学习欲望的四个方面的困扰程度:1—5题测查学习动机是不是太弱;6—10题测查学习动机是不是太强;11—15题测查学习兴趣是否存在困扰;16—19题测查学习目标是否存在困扰。假如你在某组中的得分在3分以上,则可认定在相应的学习欲望上存在一些不够正确的认识,或存在一定程度的困扰。

我思我悟

WOSIWOWU

每个人心中都有一座山峰,雕刻着理想、信念、追求、抱负;每个人心中都有一片森林,承载着收获、芬芳、失意、磨砺。一个人,若要获得成功,必须拿出勇气,付出努力,拼搏,奋斗。成功,不相信眼泪;成功,不相信颓废;成功,不相信幻影。未来,要靠自己去打拼!

一本书中这样写道:一个不能靠自己的能力改变命运的人,是不幸的,也是可怜的,因为这些人没有把命运掌握在自己的手中,反而成为命运的奴隶。生命就像一张白纸,等待着我们去描绘,去谱写,而现阶段的学习则能够让我们在这张白纸上描绘出更精彩的蓝图。

温馨小结
WENXINXIAOJIE

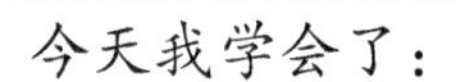

今天我学会了:

1. 学习要明确目标;
2. 给自己正确定位;
3. 改进学习方法与态度;
4. 调整学习动机。

第七章　沟通从心开始

——人际交往任我行

一把坚实的大锁挂在铁门上，一根铁杆费了九牛二虎之力还是无法将它撬开。钥匙来了，它瘦小的身子钻进锁孔，只轻轻一转，那大锁就“啪”的一声打开了。

铁杆奇怪地问：“为什么我费了那么大力气也打不开，而你却轻而易举地就把它打开了呢？”

钥匙说：“因为我最了解它的心。”

美国成功学家卡耐基说：一个人的成功源于15%的才能和85%的人际关系。中国伟大的思想家孟子也说过：天时不如地利，地利不如人和。由此可见，人际交往的成败对人们的生活和事业有着重大影响。

如何才能搭建起良好的人际交往平台呢？开篇的这则小故事给了我们启发：沟通要从心开始！

她为什么哭泣？

小丽厌倦了父母不停的唠叨，在一次和父母冲突之后，愤怒地离家出走。离开家的避风港，失去了父母的照顾，小丽很快就迷失了方向。父母通过一切可能的方式寻找她的下落，但一无所获。无奈之下，父母选择了报警。一天夜晚，在街头游荡的小丽被好心的民警发现并盘问。民警告诉她，她的父母为了寻找她，放弃了工作，发动亲友到处张贴寻人启事，他们的精神已到了崩溃的边缘，如果她再不回去，父母就要出事了。小丽那佯装坚强其实早已脆弱的内心，受到了强烈的震撼，顿时泣不成声。

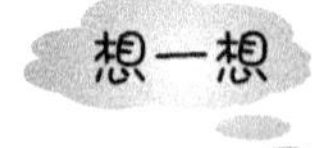

生活中，我们一直理所当然地享受着父母的呵护，而不考虑父母的感受；总自私地想着自己，而觉得父母不理解自己，认为他们保守、唠叨……这些矛盾真的难以化解吗？

搭起沟通的桥梁

要建立一个和谐美满的家庭，每个成员都要尽自己的一份力。对于为人子女的我们来说，主动沟通就是我们对家庭的最大贡献。以下一些与父母沟通的小技巧，我们不妨尝试一下。

1. 了解父母，沟通拥有主动权。知道了父母的脾气性格、兴趣爱好，与他们沟通时就有了预见性和主动性。

2. 打开心扉，沟通起来无顾忌。要克服闭锁心理，主动向父母表达自己的心情、愿望和想法。

3. 笑口常开，沟通过程无障碍。沟通的效果与心情关系很大。高高兴兴、和声细语地与父母商量问题，就不会轻易遭到反对。

4. 耐心解释，沟通之中得理解。与父母发生矛盾，要耐心解释，让父母听得进去。即使父母不对，也要就事论事，不要迁怒于父母。

5. 换位思考，沟通增效不可少。当我们不理解父母的时候，不妨站在他们的角度想想，了解他们的想法，这会使我们变得更加冷静和理智。

6. 求同存异，沟通不要走极端。沟通不一定达成完全的统一，而要求同存异，这样，既保留了自己的一些意见，又尊重了父母的想法。

敞开心扉去沟通

影响我们与父母沟通的因素主要有两个。一是我们的心理特点。同学们正处在青春发育期，心理上正处于半成熟、半幼稚阶段，一方面会以成人自居，另一方面却又受到自身经验和能力的限制，心里充满着矛盾和不安。对于父母的批评和劝导往往产生抵触情绪，也就是人们常说的“逆反心理”。二是我们与父母在家庭观念、思维方式和行为习惯等方面存在较大差异，这些差异可能导致矛盾和误解，妨碍我们与父母的沟通。

我们都说父母的爱是无私的，是永恒的，我们又该如何敞开心扉，去感受，去体悟父母的爱呢？在这里，送一首歌谣与大家分享。

亲子沟通并不难，理解父母是关键，
父母养我多操劳，体贴父母理当然。
唠叨背后是关爱，面对要求莫逆反，
发生矛盾勿冲动，尊重父母记心间，
平时交流很重要，技巧方法勤训练。

感知父母心

一道美味的食物，有人只尝了一小口就递给另一个人吃，这个人是谁呢？

——是父母！父母尝一小口，是为了知道食物的冷烫咸淡，是为了了解食物是否符合孩子的口味，然后才放心地给孩子吃。

一道美味的食物，有人吃到最后，只剩下一小口，才递给另一个人吃，这个人又是谁呢？

——是孩子！孩子吃饱了以后，才想起与父母分享，这时只剩下一小口了。

感知父母心

这就是父母和孩子的差别。面对父母，我们真的亏欠了太多。我们常听说“鸦有反哺之义，羊有跪乳之恩”。小乌鸦为了报答父母的养育之恩，当父母年老不能外出捕食时，就将食物口对口地喂给年老的父母；小羊为了报答父母的养育之恩，当父母年老体弱行动不便时，就跪下来用乳汁喂养父母。这些故事美丽动人，让我们听后肃然起敬。动物尚且懂得滴水之恩当涌泉相报，何况我们人类呢？

趣味测试
QUWEICESHI

我了解父母吗？

请根据你所了解的实际情况，回答下面的题目，给自己做个小测试。

测试题目：

1. 父母的生日各是哪一天？（　　）
2. 父母的结婚纪念日是哪一天？（　　）
3. 妈妈最喜欢什么颜色？（　　）
4. 爸爸最不喜欢吃什么？（　　）
5. 妈妈穿多大尺码的鞋子？（　　）
6. 爸爸喜欢看什么电视节目？（　　）

（说明：以上题目填好后，回家和父母确认一下，即可知道自己对父母的了解程度。）

7. 你理解自己的父母吗？理解的程度怎样？ （ ）
A. 非常理解，知道他们的真正想法
B. 有时候理解
C. 不理解
8. 你关心并了解父母的身体健康状况吗？ （ ）
A. 关心，也比较了解
B. 一般，有时候想起来问问
C. 不太关心和了解
9. 你了解家里的经济状况吗？ （ ）
A. 非常理解
B. 比较了解
C. 不了解
10. 你经常和父母聊天或者谈自己的想法吗？ （ ）
A. 是的，经常
B. 偶尔
C. 从来不
11. 你上次帮父母做家务是在什么时候？ （ ）
A. 昨天
B. 好像是一星期以前
C. 平时很少做
12. 你经常和父母发生争吵吗？ （ ）
A. 从来不，我会和他们沟通
B. 偶尔发生过
C. 是的，经常发生
13. 面对父母的教导和批评，你的态度是怎样的？ （ ）
A. 虚心接受，认真反思
B. 有时候听
C. 基本上不听，坚持自己的想法
14. 你认为自己是个懂得感恩的人吗？ （ ）
A. 应该是，觉得做得很好

B. 还可以，做得一般

C. 有些勉强，做得不好。

【测试结果解析】(7～14条)

选项A较多：说明你是一个理解、关心父母的好孩子，并能把感恩的心付诸行动，你做得很好。但测试中列举的问题并不是全部，请你继续努力。

选项B较多：说明你对父母有一点理解、关心。以后在生活中要学着关心、了解父母，选择恰当的方式和他们沟通。经过一番努力之后，相信你能做得更好。

选项C较多：你要提高警惕了，你对父母的理解、关心不够，但也不要沮丧，从前面的问题中找到一些提示，想想自己接下来该怎么做。

我思我悟
WOSIWOWU

在今后的生活中，我们难免还会与父母发生误会和矛盾。但有了今天的思考，相信大家面对这些矛盾时会更加成熟和理性。“谁言寸草心，报得三春晖。”有了对父母养育之恩的理解，有了对父母的尊重，同学们肯定能找到与父母沟通的有效途径，与父母一起共建一个和谐美满的家庭。希望大家反思自己以往的做法，制订一个改善与父母关系的新计划并认真执行。学会与父母沟通，相信你一定能行！

____

____

____

____

____

____

____

____

____

温馨小结

WENXINXIAOJIE

今天我学会了：

1. 感知父母心；
2. 与父母沟通要敞开心扉；
3. 搭建与父母沟通的桥梁；
4. 主动了解父母。

第八章　做情绪的主人

——情绪的自我调控

你无法改变天气，却可以改变心情；你无法控制别人，但可以掌握自己。

人生的道路是坎坷曲折的，当你在这条道路上向前行进的时候，要学会做自己情绪的主人，把握好自己的心海罗盘，把人生这幅长卷描绘得多姿多彩！

美国著名心理学家丹尼尔认为，一个人的成功，只有20%是靠IQ（智商），80%要凭借EQ（情商）来获得。而EQ管理的理念即是用科学的、人性的态度和技巧来管理人们的情绪，善用情绪带来的正面价值与意义帮助人们成功。

话题1　不做情绪的奴隶

生活中，我们经常为一些鸡毛蒜皮的小事而烦恼。同学之间的小矛盾、一次考试的失利，甚至阴沉的天气，都会使我们心烦意乱。我们经常感觉做了情绪的奴隶，受它控制，受它束缚。其实，生活就像一面镜子，你对它笑，它就笑，你对它哭，它就哭。一个人不管遇到多少苦恼，总会有快乐相伴，就看你会不会品味，会不会寻找。

小月前几天遇到了一件不顺心的事，好几天她都一直阴沉着脸，不说也不笑。别人问她怎么了，她头一低就躲开了。这样一来，同学们对她就疏远了，她的学习成绩也下降了。看到这些情况，班主任王老师把小月叫到她的办公室，语重心长地对她说："小月，老师知道你心里有事，希望你能说出来，好吗？如果一个人的情绪不好，把烦恼总是放在心里不释放出来，不但会影响学习，还会影响与同学的关系，对自己的身体健康也有坏处。所以，当你心情不好的时候，最好找一个值得你信任的人把心里的话告诉他，这样你的心情就会变好的。你觉得老师值得信任吗？如果值得，你就尽管跟我说吧！”小月听了，眼泪一下子涌了出来，“哇”的一声哭了。小月哭了半天，王老师慢慢地擦干了她的眼泪，接着说：“你尽管哭吧！这对你有好处。”小月不哭了，终于向老师倾诉了长时间闷在心里的事。接下来的几天里，大家发现，小月变了，又跟以前一样了。

想一想

小月为什么近来与同学关系疏远了，学习成绩也下降了？王老师告诉小月一个什么道理？小月哭了，王老师为什么没有阻止，反而让她继续哭？假如你有了不愉快的消极情绪，会怎么办呢？

掌握调控情绪的方法

人的情绪有两极性，即积极情绪和消极情绪（如下图）。积极情绪有：乐观、开朗、愉快、欢乐、喜悦、振奋、宁静、和谐、安全感、满足感等；消极情绪有：悲观、忧愁、烦恼、苦闷、愤怒、憎恨、嫉妒、惊恐、失落、委屈、沮丧等。

表情阴晴图

积极情绪有利于身心健康,可防治疾病,延缓衰老;消极情绪不利于身心健康,易导致疾病,减少寿命。因此,我们应调节和克服消极情绪,建立和保持积极情绪。克服消极情绪的具体方法有:

一、暗示法

暗示可分为自我暗示和他人暗示。当感到失落、茫然不知所措时,你可寻找语言暗示,或用他人的言行作榜样来劝说自己。

二、克制法

认识消极情绪的危害,学会控制自己的情绪,加强修养,培养自制力,运用理智和意志的力量加以控制。要宽宏大量,把事情看得淡一些,不要钻牛角尖。

三、宣泄法

将积聚在心里的痛苦、忧愁、委屈等发泄出来,能让人感到轻松、神清气爽。宣泄的方式主要有倾诉、痛哭和写日记等。

四、疏导法

当不良情绪出现时,可找你信任的人、能体谅帮助你的人或有共同经历的人,向他们倾诉,并请他们对你进行劝说、安慰、开导,可使你茅塞顿开,想通问题,解除烦恼。

五、遗忘法

已经过去的事,特别是不愉快的事,不要老去想、去回忆,应当做到"言完事过如云散,何必三思绕心缠",要学会控制自己的思维活动,努力强迫自己少想或不想那些烦恼之事,直至把它遗忘掉。

六、升华法

把消极情绪化为动力,变坏事为好事,争取事业有成。人们对待挫折和不幸有两种态度:一是悲观失望,灰心丧气,懊悔叹息,消沉下去;一是找出受挫原因,取得经验教训,化悲痛为力量,做生活中的强者,继续拼搏,取得优异成绩。如屈原流放赋《离骚》,司马迁入狱作《史记》等都是将消极情绪理性升华的例子。

七、转移法

当自己遇到不愉快的人和事时,运用各种方法把注意力转移到自己感兴趣和喜欢的事情上去,或离开令人伤感、忧郁的环境,如去散步、下棋、练书法、垂钓、听音乐、看电视、逛公园、探亲访友等。

八、让步法

当遇到挫折、烦恼和不愉快之事，且矛盾暂时无法解决时，不妨做些适度让步。退一步天宽地广，让三分海阔天空；适度让步可使自己在心理上获得解脱，缓解矛盾，减轻精神压力和精神负担。

九、宽容法

一方面宽容别人，对别人的过失和不敬不要耿耿于怀，斤斤计较；要以责人之心责己，以恕己之心恕人；另一方面宽容自己，对自己的过失、挫折、不幸，要想方设法解决和克服，摆脱困境，做到自我解脱，自我安慰，自我拯救。

半杯水的启示

火热的夏天，两位同学踢完足球后大汗淋漓，气喘吁吁、又累又渴地回到家，看到桌子上有半杯水……

情绪甲：失望　　　　　　　情绪乙：庆幸

面对同样的半杯水，两人为何会有这么不同的情绪反应呢？

想法甲：只有半杯水。

想法乙：还有半杯水。

美国心理学家艾利斯的情绪 A-B-C 理论认为：产生不同情绪的原因是人对同一事件的看法或评价不同。如果遇到以下情况，你会怎么想？

情境 1：迎面走来一位同班同学，你向他点头微笑示意，对方却好像视而不见，毫无反应地走了过去。

消极想法：这个同学看不起自己。

产生情绪：生气、埋怨。

换个积极想法：____________________

产生情绪：____________________

情境 2：今天的作业特别多，你会怎么想？

消极想法：这么多，累死我了，做也做不完，不做了。

产生情绪：累。

换个积极想法：______________________________

产生情绪：______________________________

在你和你的同学中，是否有类似“半杯水”的情况？

学会控制自己的情绪

有这么一首小诗：“你要是心情愉快，健康就会常在；你要是心情开朗，眼前就是一片明亮。”一个人只要善于把握自己，能够进行自我心理调适，就能用欢乐驱散心中的消极情绪，用心灵感受到生命的光辉灿烂。

那么，我们怎样才能增强自我调控能力，用理智的“闸门”控制情绪的“洪水”呢？这需要我们加强心理素质的修养，主要可以从以下几个方面去做：

一、自我暗示

控制不良情绪的产生。例如，当我们进入考场感到紧张时，可以反复提醒自己：“沉住气，别紧张，会考好的。”这样，紧张的情绪便会放松下来。与同学发生分歧时，不要冲动，而是暗中告诫自己：“冷静下来，莫伤和气。”

二、自我激励

这是用理智控制情绪的好办法。自我激励是一种精神动力，一个人在困难和逆境面前，如果能有效地进行自我激励，就能从不良情绪中振作起来。

三、心理换位

通过换位思考，充当别人的角色，来体会别人的情绪与思想，这样有利于防止不良情绪的产生。譬如，家长繁琐的叮咛与嘱托或许让我们感到厌烦，但若可以做到换位思考，站在家长的立场想问题，自会感受到这唠叨中的关怀与厚望，从而消除不良情绪的影响。

我们的学习道路还很长，我们的生活道路才刚刚开始，希望同学们能够合理调节自己的心态、情绪，确定目标，树立信心，抛弃不正确的认识，多和同学交流，取长补短。不能自暴自弃，应以理智战胜不良的情感反应，以理智调节自己的学习生活，勇敢地去面对人生的酸、甜、苦、辣，做一个生活和学习中的强者。生命的花朵为我们热情开放，就让我们做情绪的主人，做人生的主宰者，完善人格，追求美好的人生。

趣味测试
QUWEICESHI

情绪稳定性测试

情绪稳定一般被看作一个人心理成熟的重要标志，如果现在你已经能够积极地调节和控制自己的情绪，那么将有助于你以平稳的心态从容面对人生的挑战。

你的情绪是稳定的吗？如果你希望知道结果，不妨完成下面的题目。

1. 我有能力克服各种困难。（　　）

A. 是的　　B. 不一定　　C. 不是的

2. 猛兽即使是关在铁笼里，我见了也会惴惴不安。（　　）

A. 是的　　B. 不一定　　C. 不是的

3. 如果我能到一个新环境，我要（　　）

A. 把生活安排得和从前不一样

B. 不确定

C. 和从前相仿

4. 整个一生中，我一直觉得我能达到所预期的目标。（　　）

A. 是的　　B. 不一定　　C. 不是的

5. 我在小学时敬佩的老师，到现在仍然令我敬佩！（　　）

A. 是的　　B. 不一定　　C. 不是的

6. 不知为什么，有些人总是回避我或冷淡我。（　　）

A. 是的　　B. 不一定　　C. 不是的

7. 我虽善意待人，却常常得不到好报。（　　）

A. 是的　　B. 不一定　　C. 不是的

8. 在大街上，我常常避开我所不愿意打招呼的人。（　　）

A. 极少如此　　B. 偶尔如此　　C. 有时如此

9. 当我聚精会神地欣赏音乐时，如果有人在旁高谈阔论我会感到恼怒。（　　）

A. 我仍能专心听音乐
B. 介于 A,C 之间
C. 不能专心并感到恼怒

10. 我不论到什么地方,都能清楚地辨别方向。（　　）
A. 是的　　B. 不一定　　C. 不是的

11. 我热爱我所学的知识。（　　）
A. 是的　　B. 不一定　　C. 不是的

12. 生动的梦境常常干扰我的睡眠。（　　）
A. 经常如此　　B. 偶尔如此　　C. 从不如此

13. 季节气候的变化一般不影响我的情绪。（　　）
A. 是的　　B. 介于 A,C 之间　　C. 不是的

计分表:

(1) A. 2　B. 1　C. 0　　(2) A. 0　B. 1　C. 2
(3) A. 0　B. 1　C. 2　　(4) A. 2　B. 1　C. 0
(5) A. 2　B. 1　C. 0　　(6) A. 0　B. 1　C. 2
(7) A. 0　B. 1　C. 2　　(8) A. 2　B. 1　C. 0
(9) A. 2　B. 1　C. 0　　(10) A. 2　B. 1　C. 0
(11) A. 2　B. 1　C. 0　　(12) A. 0　B. 1　C. 2
(13) A. 2　B. 1　C. 0

【测试结果解析】

◎ 17 ~ 26 分:情绪稳定。你的情绪稳定,性格成熟,能面对现实;通常能以沉着的态度应付现实中出现的各种问题;行动充满魅力,有勇气和魄力。

◎ 13 ~ 16 分:情绪基本稳定。你的情绪有变化,但不大,能沉着应付现实中出现的一般性问题。然而在大事面前,有时会急躁不安,受环境影响。

◎ 0 ~ 12 分:情绪激动。你情绪较易激动,容易产生烦恼;不容易应付现实生活中遇到的各种阻挠和挫折;容易受环境支配而心神动摇;不能面

对现实，常常急躁不安，身心疲乏，甚至失眠等。要注意控制和调节自己的心境，使自己的情绪保持稳定。

我思我悟

WOSIWOWU

世间的事物纷繁复杂，同学们正处在成长的过程中，每个人的生活和学习都不可能是一帆风顺的，随时遭遇各种各样的烦恼。那么，遇到烦恼怎么办呢？

温馨小结

WENXINXIAOJIE

今天我学会了：

1. 积极情绪和消极情绪的不同作用；
2. 掌握调控情绪的方法；
3. 如何控制自己的情绪。

话题2 好情绪是最美风景

我们风华正茂，热情奔放，富有理想，朝气蓬勃。这是我们从幼稚走向成熟的关键时期；这是一个不轻易表露内心的时期，是一个独立性和依赖性并存的时期，同时也是我们处理问题情绪化，容易走极端的时期。除了我们自己，没有人能够贬低我们，如果我们能够坚强，就没有什么能够打败我们。因此，学会管理和调控自己的情绪，让自己保持乐观的好情绪，是我们走向成熟、迈向成功的重要基础，也是我们拥有美好心情的第一步。

坏脾气男孩

有一个坏脾气的小男孩，特别任性，经常在家摔摔打打。有一天，爸爸趁孩子心情好的时候，把他拉到了家中后院的篱笆旁边，说："儿子，我们做个约定吧，你以后每发一次脾气，你就往篱笆上钉一颗钉子，看你能发多少次脾气，好不好？"孩子爽快地答应了。没过多久，篱笆上就钉满了钉子，孩子也觉得有点儿不好意思。爸爸说："你看，你要克制了吧。我们再来做个约定，你要能做到一整天没发一次脾气，那你可以把原来钉的钉子拔下来一枚。"孩子答应了。为了让钉子减少，小男孩只能不断克制自己，等到他终于把篱笆上所有的钉子都拔光的时候，他忽然觉得自己已经学会了克制，可以不发脾气了。小男孩非常欣喜地去找爸爸，爸爸跟他来到了篱笆旁边，又对他说了一句话："孩子，你看一看，篱笆上的钉子虽然已经拔光了，但是那些洞永远地留在了这里。其实你每向你的亲人、朋友发一次脾气，就是往他们的心上打一个洞。乱发脾气，你可以道歉，但是拔下钉子的洞永远不能消除。"

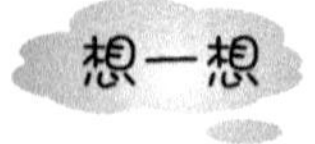

任性的小男孩虽然拔掉了所有的钉子，但却留下了无法弥补的伤痕。如果当初他能控制自己的情绪，不钉下那么多钉子，可能就不会留下那么多难以愈合的伤痕。这则故事对你有怎样的启示呢？

积极心理的力量

积极情绪是指个体由于体内外的刺激，或自我需要被满足时产生的伴有愉悦感受的情绪。积极情绪包括快乐、满意、兴趣、自豪、感激和爱。积极情绪能够激活一种行动倾向，能够抵消消极情绪，能够增进主观幸福感，也能够促进个人或组织的绩效，是心理健康的重要组成部分。

积极心理学家克里斯托弗·彼得森和马丁·塞林格曼列出了24种积极的性格和品格力量，为发展青少年的积极性格提供了有效途径，这里简单列出来，供大家分享：

第一类是智慧力量——创造性、好奇心、热爱学习、思想开放、洞察力。

第二类是意志力量——诚实、负责、勇敢、坚持、热情。

第三类是人道主义力量——善良、爱、社会智慧。

第四类是公正的力量——正直、领导力、团队合作精神。

第五类是节制的力量——原谅、同情、谦逊、审慎、自我调节。

第六类是卓越的力量——对美和优点的欣赏、感激、希望、幽默、虔诚及灵性。

研究表明，其中那些关乎心灵上的力量，如热情、感激、希望和爱，比那些关乎头脑上的力量，如热爱学习等，与生活满意度之间的关系更为强烈和稳定。这也说明，不论对于孩子还是对于成人，心灵上的成长比知识的收获更能带来幸福。

好情绪促你成功

中学生正处于生理、心理发展时期,保持情绪的积极乐观,有利于身心健康发展。一个悲观的人,不会有什么远大理想和目标,也不会用心去学习。因此,保持乐观的情绪,对我们的学习和生活是至关重要的。

父亲欲对一对孪生兄弟作"性格改造",因为其中一个过分乐观,而另一个则过分悲观。一天,父亲买了许多色泽鲜艳的新玩具给悲观的孩子,又把乐观的孩子送进了一间堆满马粪的车房里。第二天清晨,父亲看到悲观的孩子正泣不成声,便问:"为什么不玩那些玩具呢?"

"玩了就会坏的。"孩子仍在哭泣。

父亲叹了口气,走进车房,却发现那乐观的孩子正兴高采烈地在马粪里掏着什么。"告诉你,爸爸,"那孩子得意洋洋地向父亲宣称,"我想马粪堆里一定还藏着一匹小马呢!"

乐观是积极情绪的表现,是"一种性格倾向,使人能看到事情比较有利的一面,期待更有利的结果"。也许有些孩子天生就比较乐观,有些孩子则相反。但心理学家发现,乐观情绪是可以培养的,即使孩子天生不具备乐观品质,也可以通过后天的努力来使之具备。

情绪积极乐观的人,具有积极的人生态度,面临挫折敢于挑战,勇于解决,不易退缩。情绪乐观,会具有自信心及自制力,情绪稳定,不容易焦虑。拥有这些优良的特质,在未来的道路上,将能拥有各种能量,拥抱美好的人生。

心灵行动
XINLINGXINGDONG

我的心情我做主

如何让自己保持积极乐观的情绪呢?下面给大家几点建议。

一、善于人际交往

良好的人际关系,本身就会使一个人乐观愉快。孤僻的人、不善交往的人,很难体验到快乐,因为他们缺乏与人的沟通,不能理解和信任别人,他们缺少友谊。当他们有苦恼时，没处诉说，于是只好憋在心里，从而就会感到不快乐。

二、多参加有益的活动

参加体育活动、文娱活动等，会使心情时常保持一种愉悦状态，同时，在这些活动中，可结交很多志同道合的朋友。通过参加这些活动，也能陶冶自己的情操，即使遇到不顺心的事时，也能转移注意力。

三、学会关心帮助他人

学会关心别人，积极去帮助他人，向他人显示你的信心，并把信心传给他人。自卑、孤僻的人，常常与乐观绝缘，因为他们时常处于一种封闭状态，不愿与别人交往，更谈不上关心、帮助别人。相反，你若时常主动去帮助他人，一方面能得到他人的感激和肯定，另一方面也能体现自己的价值，别人也愿与你交往，这时，你就会感到自己是一个快乐的人。

四、对人要宽容

在校园生活中，同学之间难免会磕磕碰碰，遇到这样的事，要学会宽容，大事化小，小事化了。俗话说，你敬人一尺，人敬你一丈。对于你的宽容，大多数人会接受，并与你同行。你若不能容忍，采取对付或报复的做法，一报还一报，永远没完没了，永远也不会感到快乐。因此，对人要宽容。

五、要正确、辩证地看待生活

生活既有甜蜜的部分，也有令人苦恼的部分。一般来说，生活中完全是痛苦，这是人们所不希望的，但要求生活全是幸福，也是不现实的。名人、伟人、政治家，他们有辉煌灿烂的一面，但也有他们的苦恼，甚至不幸。因此，面对生活，我们应该充满乐观。当幸福来临时，我们不可忘乎所以；当不幸降临时，我们应该坚强，笑对世界，笑对人生。

六、知足而乐

人生需要目标，既需要大目标——你的理想，也需要小目标——近期的学习计划。你的目标不要定得太虚无缥渺，因为那往往难以实现，从而导致失望，甚至悲观。你要知足，小事往往成就人的事业，“勿以善小而不为”，就是这个道理。很多劳模、英雄，他们并没有惊天动地的事迹，只是做了很多平凡的小事，然而，平凡中孕育着不平凡，就是这些小事，使他们获得了成功。在制定目标及实现过程中，人要知足而乐。

趣味测试
QUWEICESHI

这份问卷由 20 题构成,满分是 80 分,每题均有 0 ~ 4 的分数,分别代表:0 = 没有,1 = 偶尔有,2 = 有时有,3 = 经常有,4 = 总是有。请你根据最近一周,包括今天的感觉,在每个题目上圈上最合适的数码。

1. 我真希望自己哪天突然死去。 0 1 2 3 4
2. 小事我也感到非常着急。 0 1 2 3 4
3. 遇到一点小事我就感到烦恼。 0 1 2 3 4
4. 我感到在生活中自己是个弱者。 0 1 2 3 4
5. 我感到人活着没有什么意思。 0 1 2 3 4
6. 我感到心慌。 0 1 2 3 4
7. 我对异性毫无兴趣。 0 1 2 3 4
8. 我觉得自己太笨,样样不如别人。 0 1 2 3 4
9. 我变得做什么事都拿不定主意。 0 1 2 3 4
10. 我想自己去死。 0 1 2 3 4
11. 我全身没有一点力气。 0 1 2 3 4
12. 我讲话的声音变得有气无力,闲话少多了。 0 1 2 3 4
13. 我晚上睡眠时间总的来说比往常少多了。 0 1 2 3 4
14. 我什么事情都不想干。 0 1 2 3 4
15. 我感到不高兴、不愉快、不痛快。 0 1 2 3 4
16. 我感到心里难受或者心里不舒服。 0 1 2 3 4
17. 我对周围的一切都感到没意思。 0 1 2 3 4
18. 我感到紧张不安。 0 1 2 3 4
19. 我不想吃东西。 0 1 2 3 4
20. 我觉得比平时瘦多了。 0 1 2 3 4

【测试结果解析】

如果分数低于 16 分,你的情绪很积极;16 ~ 35 分,有轻度的消极情绪;36 ~ 45 分,有中度的消极情绪;大于 45 分,你的情绪过于消极,要及时调整。

我思我悟
WOSIWOWU

乐观情绪造就美好心情。好心情可以使你的精神、体力、创造力呈最佳状态；好心情能化干戈为玉帛，化疾病为健康；好心情能帮你获得学识，结交益友，把握机遇，学业有成。

每天的太阳都是新的，人的心情每天也都是新的。善于自我调整、自我跨越的人，心灵上才会少有皱纹而让生命变得更加美好。

温馨小结
WENXINXIAOJIE

今天我学会了：

1. 认识积极情绪；
2. 乐观情绪的意义；
3. 如何让自己保持积极乐观的情绪；
4. 调整情绪，让自己保持好心情。

第九章　青春从此飞扬

——认识我的青春期

有人说，青春是七彩的颜色，涂抹出最美丽的色彩；
有人说，青春是一种美丽的心情，它属于鲜花和歌声；
有人说，青春是一张网，网住所有迷惘和彷徨；
有人说，青春是一串泪珠，串起年少的我苦苦追寻……

青春期的我们富有幻想和丰富情感，但身体的变化影响着情绪的波动，我们表现很敏感、脆弱，很容易受到环境不良因素的影响和干扰。青春期是人生容易分化的时期。认识我们的青春期，珍视我们的青春期，让我们激情的青春从此飞扬吧！

话题1　我的青春进行时

青春期是生长发育的高峰期，也是心理发展的重大转折期。这一时期，身体迅速发育而强烈要求独立，而心理发展的相对缓慢又使我们保持儿童似的依赖性。青春期就是在这种相互矛盾的心理状态中挣扎，难免会出现很多的心理问题。这一时期，我们需要通过反复的尝试、碰撞、回视，慢慢地走向成熟。

小鸣今年16岁，爸爸做生意常年在外，妈妈照顾他的生活。他学习上严重偏科，生活上依赖母亲，每天起床都要妈妈喊。在家经常为一点小事对妈妈大吼大叫，自己赖床，快迟到了，却对妈妈发脾气；喜欢上网QQ

聊天、游戏，对妈妈要他少上网的要求置若罔闻；他连吃饭都会忙着和同学发信息。妈妈喜欢唠叨，总是抱怨他很多事情让她费心。小鸣越来越不愿意和妈妈沟通，任何事情都想自己做主。小鸣妈妈常战战兢兢，生怕孩子情绪爆发，结果却要常面对这样的情境。

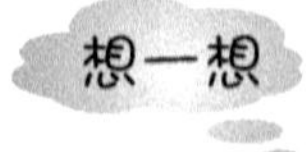

小鸣为什么既依赖父母，又反感妈妈的管教呢？为什么情愿跟同学发信息，也不愿意多跟妈妈沟通呢？争着给自己做主的小鸣，没有父母的指导能很好地处理好一切吗？你在生活中有类似的体会吗？

认识我的青春期

我们大概都还记得，童年时候，男孩女孩一块做游戏，手拉手一起上学，两小无猜，不分彼此。然而，不知何时开始，男女同学会突然感到生疏起来，原来我们体内已经开始静静地发生了变化。这个变化从我们大脑底部的下丘脑垂体分泌促进性激素开始，在促进性激素作用下，我们的身体出现第二性征，进入了青春期。

一、青春期的含义

青春期主要是以生理上的性成熟为标准而划分出来的一个阶段，是指个体的性机能从没有成熟到即将成熟的阶段，是一个人由儿童到成年的过渡时期。

二、青春期的特点

1. 青春期是一个过渡时期。通常，人们把青春期与儿童期加以明显区分，区分的界限是性的成熟。对于男性来说，性成熟的标志是遗精（通常在夜间睡眠时遗精）；对于女性来说，性成熟的标志是月经，即第一次来月经。以性成熟为核心的生理方面的发展，使青少年具有了与儿童明显不同的心理特征。

2. 青春期是一个发展时期。研究表明,在人的一生中,身体生长迅速、身体各部分的比例产生显著变化的阶段有两个,一个是产前期到出生后的最初半年,另一个则是青春期。青春期身体的快速生长发育,被称为青春期急速成长现象。

3. 青春期是一个变化时期。这个时期,男性和女性的身体、外貌、行为模式、自我意识、交往与情绪特点、人生观等,都脱离了儿童的特征而逐渐成熟起来,更接近成人。这些迅速的变化,会使少年产生困扰、自卑、不安、焦虑等心理卫生问题,甚至产生不良行为。在这个时期,人从儿童向成人发展是可预测的,但是在发展过程中会出现什么情况或问题则不可预测。

4. 青春期是一个反抗时期。由于身心的逐渐发展和成熟,个人在这个时期往往对生活采取消极反抗的态度,否定以前发展形成的一些良好本质。这种反抗倾向,会引起青少年对父母、学校以及社会生活的其他要求、规范的抗拒态度和行为,从而引起一些不利于其身心发展的心理问题。

5. 青春期是一个负重时期。青春期的少年要逐渐担负一部分由成人担负的工作。他们要应付由身高、体重、肌肉力量等的发育成熟,特别是性的发育成熟所引起的各种变化及问题,心理压力相对增大。他们必须在抛弃各种孩子气、幼稚的思想观念和行为模式的同时,逐步建立起较为成熟、更加符合社会规范的思想观念和行为模式。此外,对异性的兴趣、愈加繁重的学习任务等也给他们的身心造成极大负担。

青春期是决定人一生的体格、体质、心理、个性和智力发展的关键时期。它不仅要求身体发育成熟,而且要求掌握足够的知识、技能,有较强的心理承受能力,这样才能履行各种社会职能和担负起社会责任。

青春期阶段的学生内心深处经常会出现各种矛盾的情感体验:喜悦与烦恼、开朗与沉默、社交与孤独、大胆与怯懦等。他们逐渐地认识自我,并对周围的一切十分感兴趣,乐于评价和介入成人行列,意识上想摆脱对父母的依赖,出现“心理上断乳”现象。这种“断乳”现象给青少年带来不安,产生情绪上的波动和混乱。性本能的启动，使他们逐渐将注意力转向关注自己身体和心理变化。这一阶段的学生们往往会陷入烦恼、困惑、焦虑、冷淡等不安的情绪中，不仅对外界，就是对自己也会采取“否定”的态度。

心理学家称青春期为暴风骤雨、疾风如涛的时期，这一时期，人的身体及心理变化大为不同，呈跳跃式发展，是人生的“危险期”，因此，我们应注意反思自己情感上的细微变化，重视自己青春期心理的各种现象，并及时进行合理的调整。

矛盾的青春期

上述案例中小鸣的表现，实际上是处于青春期的少年的矛盾心理的综合表现。青春期的心理是在矛盾中形成并慢慢趋于成熟的，它是一个自然的过程。这种矛盾的青春期心理主要表现在以下几个方面：

一、独立性与依赖性的矛盾

青春期的少年在心理特点上最突出的表现是出现成人感，由此而增强了少年的独立意识。如渐渐地在生活上不愿受父母过多的照顾或干预，否则心理便产生厌烦的情绪；对一些事物是非曲直的判断，不愿意听从父母的意见，并有强烈的表现自己意见的愿望；对一些传统的、权威的结论持异议，往往会提出过激的批评之词。但由于社会经验、生活经验的不足，经常碰壁，又不得不从父母那里寻找方法、途径或帮助，再加上经济上不能独立，父母的权威又强迫他去依赖父母。

二、成人感与幼稚感的矛盾

青春期少年心理特点的突出表现是出现成人感——认为自己已经成熟，长大成人了，因而在行为活动、思维认识、社会交往等方面，表现出成人的样式。心理上渴望别人把自己看作大人，希望别人尊重和理解自己。但由于受到年龄、经验及知识的限制，在思想和行为上往往盲目性较大，带有明显的孩子气、幼稚性。

三、开放性与封闭性的矛盾

青春期的少年需要与同龄人，特别是与异性、与父母平等交往，他们渴望他人和自己一样彼此间敞开心扉来相待。但由于每个人的性格、想法不一,使得这种渴求找不到释放的对象,只好诉说在日记里。这些写在日记里的心里话,又出于自尊心,不愿被他人所知道,于是就形成既想让他人了解又害怕被他人了解的矛盾心理。

四、渴求感与压抑感的矛盾

青春期的少年由于性的发育和成熟,产生了与异性交往的渴求。比如喜欢接近异性,想了解性知识,喜欢在异性面前表现自己,甚至出现朦胧的爱情念头等。但由于受到学校、家长和社会舆论的约束,因而青春期的少年在情感和性的认识上存在着既非常渴求又羞于表现的压抑的矛盾状态。

五、自制性与冲动性的矛盾

青春期的少年在心理独立性、成人感出现的同时,自觉性和自制性也得到了加强,在与他人的交往中,主观上希望自己能随时自觉地遵守规则,竭尽义务,但客观上又往往难以较好地控制自己的情感,有时会鲁莽行事,使自己陷入既想自制又易冲动的矛盾之中。

趣味测试
QUWEICESHI

这份问卷旨在进行性生理、性心理及性卫生、性道德等方面的初步检测。请你根据自己的实际情况作出选择。

1. 你了解的青春期知识有多少? ( )

A. 很多　B. 较多　C. 一般　D. 很少

2. 你主要通过什么方式了解青春期相关知识的呢? ( )

A. 报纸　B. 网络　C. 家长　D. 学校

E. 其他

3. 你想了解有关青春期的知识吗? ( )

A. 非常想　B. 一般　C. 不想

4. 男孩与女孩性别的区别仅是生殖器的不同吗? ( )

A. 对　B. 不对　C. 不知道

5. 青春期发育男孩比女孩早出现,对吗? ( )

A. 对　B. 不对　C. 不知道

6. 青春期是指性器官发育成熟，出现第二性征的年龄阶段吗？（　　）
A. 是　　B. 不是　　C. 不知道
7. 青春期身体发生许多引人注目的变化，最明显的变化是什么？（　　）
A. 骨骼生长加速和第二性征的发育
B. 首次遗精或月经初潮
C. 喉结突出或乳房发育
8. 月经（遗精）是一种自然的生理现象吗？（　　）
A. 对　　B. 不对　　C. 不知道
9. 你认为青春期心理健康的主要标志是什么？（　　）
A. 月经初潮或遗精　　B. 性冲动
C. 保持乐观稳定的情绪　　D. 体重增加
10. 青春期重大的心理变化是什么？（　　）
A. 性欲及与性欲相关的心理活动
B. 学习、考试相关的心理活动
C. 与同伴互相攀比的心理活动
11. 你认为中学生不宜“谈恋爱”的原因是什么？（　　）
A. 学习任务重　　B. 经济生活未独立
C. 身心发育未成熟　　D. 以上都是
12. 下面哪些不是异性交往的好方法？（　　）
A. 衣着能吸引对方注意　　B. 自尊自信
C. 守信　　D. 守时
13. 艾滋病是由哪一种致病微生物引起的疾病？（　　）
A. 细菌　　B. 病毒　　C. 衣原体　　D. 真菌

我思我悟
WOSIWOWU

世间的事物纷繁复杂，同学们正处在成长的过程中，每个人的生活和学习两方面不可偏废。正处在青春期的你，准备好了吗？

____

____

温馨小结
WENXINXIAOJIE

今天我学会了：
1. 青春期的含义及特点；
2. 矛盾的青春期心理的主要表现；
3. 认识自己的青春期。

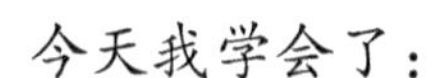

话题2 烂漫季节里的她和他

处于青春期的少男少女，随着生理发育的日益成熟，性意识的萌发，对异性产生好感、爱慕，并渴望与之接近、交往，这是极为正常的心理。如果正确对待并妥善处理异性间的交往，不仅可以顺利度过青春期，还可以起到学习上互助、情感上互慰、个性上互补、活动中互励的作用，对自我的发展十分有益。反之，如果男女同学之间的交往处理不当，则会影响和妨碍正常的学习和身心健康，带来消极情绪和行为上的困扰。

一张特别的纸条

一张纸条，在同学中私空见惯，在老师的眼中，在某些阶段却是个敏感话题。纸条中这样写道：

"我们在一个班相处一年多了，你给我留下了深刻的印象。你聪明，热情大方，乐于助人。你那双会说话的眼睛常令我心神不定，我真喜欢你！星期五下午没有其他活动，你在校门口等我，咱们出去聊聊好吗？请不要让我失望。"

这张被有些同学称为"拍拖之小情书"的纸条，是某中学男同学阿刚写给女同学阿婷的。

想一想

假如阿婷将信交给了班主任老师，并不再理会阿刚，对阿刚今后的学习生活会有什么影响？阿婷应该怎样对待阿刚？假如阿婷接受阿刚的感情，从此两人密切往来，你认为这样对他俩今后的学习生活有什么影响？

保持那个度

男女同学间的交往毕竟与同性同学间的交往有所不同，特别是进入青春期后，同学们的生理和心理都发生了较大的变化，所以在交往中应注意做到以下几点：

一、不必过分拘谨

在与异性交往中，要注意消除异性间交往的不自然感。应该从心理上像对待同性那样去对待与异性的交往，该说的说，该做的做，需要握手就握手,需要并肩就并肩。友谊本来就是感情的自然发展,矫揉造作和忸怩作态,反而使人生厌。因此,我们应自然地、落落大方地进行男女同学间的交往。异性间自然交往的步履常能描绘出纯洁友谊的轨迹,这种友谊会历久弥新。

二、不应过分随便

男女同学间交往,过分拘谨固然令人生厌,但也不可过分随便,诸如嬉笑打闹、你推我拉这类行为应力求避免。毕竟男女有别,有些话题只适合在同性之间交谈,有些玩笑不宜在异性面前乱开,这些都是需要注意的。

三、不宜过分冷淡

男女同学交往时,理智从事,善于把握自己的感情是必要的,但不应过分冷淡,过分冷淡会伤害对方的自尊心,也会使人觉得你高傲无礼,孤芳自赏,不可接近。

四、不该过分亲昵

男女同学交往时要注意自尊自爱,言谈举止要做到文雅庄重,切不可勾肩搭背,搔首弄姿,诸如此类的过分亲昵动作,不仅会使你显得轻佻,引起对方反感,而且会造成不必要的误会。

五、不可过分卖弄

在与异性交往中,如果想卖弄自己见多识广而夸夸其谈,或者在争辩中有理不让人,无理也要辩三分,都会使人反感。当然,也不要总是缄口不语,过分严肃,使人对你望而生畏,敬而远之。

六、不能违反习俗

男女同学交往的方式也要适合当前的社会心理。比如,当前绝大多数人认为,男女间经常单独约会是友谊的例外形式。尽管我们并不赞同异性交往都必须集体进行,但过多的单独约会容易引起不必要的误会,这也是事实。所以,男女间进行交往时,要注意“入乡随俗”。

总之,异性交往,要自尊自重,互相关心,彼此尊重;不要相互挑逗,言语粗俗。此外,男同学要养成帮助、爱护、尊重女同学的品格,承担更多的社会责任;女同学要学会体谅他人,端庄、稳重,处事有分寸。

享受青苹果乐园

有一天晚自习课前，一个同学神秘兮兮地对雷明说："喂，有一个女生找你，是女朋友吧！""别乱说。"雷明一边否认一边匆匆走出教室。一个女生正站在教室外，穿着一身素雅的连衣裙。雷明没见过她，可那女孩递上一只精制的礼品盒，上面写着：生日快乐——伊维。噢！原来是她，这是一年前雷明结识的外校笔友，却从未见过面，只是把友谊装在信封里。伊维说："今天下午没课，想着明天是你的生日，就这样跑来了。"二人交谈着，教室的窗口上不时冒出好奇的脸蛋，弄得他俩都挺尴尬。因此雷明说："伊维，咱们别站着，干脆到教室认识认识我的伙伴。"就这样一句话救活了这段纯洁的友谊。

不少同学在交异性朋友时总是躲躲藏藏，越是掩饰越会引起他人的好奇和猜忌。其实只要坦然自若，把异性朋友介绍给大家，尽可能进行团体聚会，就会减少许多不必要的麻烦。既能继续纯洁的异性友谊，又能减轻外界给自己带来的压力。

一首解家桐的小诗《早开花的苹果树》与大家分享：

一棵苹果树正在冬天里作梦，
一阵暖风把梦儿吹醒。
它误认为春天已经来临，
急匆匆地把枝头点红。
是你根部积蓄了过多的养分，
还是失去理智过于冲动？
也许是你太羡慕春的美好，
竟忘记应遵循的时令……
冻僵的花瓣儿伴着残梦，
瑟缩地在寒风中飘零。
多么得不偿失啊——
减了春的光彩，

毁了秋的收成!

交往进行时

男女生之间究竟该如何交往?关键在于如何正确把握与异性同学交往的尺度,建立起积极向上、健康发展的异性关系。在此给同学们几点建议:

一、自然交往

在与异性同学交往的过程中,应该以平常的心态进行交往,建立纯洁的友情。在表达友情时,言语、表情、行为举止、情感流露及所思所想要做到自然、顺畅,既不过分夸张,也不闪烁其词;既不举止冲动,也不矫揉造作;既不必羞怯忸怩,也不要神神秘秘。消除异性交往中的不自然感,是建立正常异性关系的前提。自然原则的最好体现是,像对待同性同学那样对待异性同学,像建立同性关系那样建立异性关系,像进行同性交往那样进行异性交往。同学关系不要因为异性因素而变得不舒服或不自然。

二、适度交往

异性同学交往的程度和方式要恰到好处,应为大多数人所接受。既不因此过早地萌动情爱,又不因回避或拒绝异性而对交往双方造成心灵伤害。当然,要做到为大多数人所接受有时也并不容易,建议你只要做到自然适度,心中无愧,就不必过多顾虑。真实坦诚,这是异性交往的态度问题,要像结交同性朋友那样结交异性朋友。

三、留有余地

虽然是结交知心朋友,但是异性同学交往中,所言所行要留有余地,不能毫无顾忌。比如谈话中涉及两性之间的一些敏感话题时要回避,交往中的身体距离控制在必要的分寸内等,特别是在与某位异性的长期交往中,要注意把握好双方关系的程度。

四、彼此尊重

交往时,男女同学都要学会尊重对方,包括尊重对方的人格,尊重对方的意愿,不可向对方提出无理要求,强迫对方服从自己的意志,还要注意不要随意干扰别人的生活和学习。男同学有体格方面的优势，所以要特别注意学会尊重和保护女同学。

五、学会自爱

交往时，男女同学都要学会自爱，爱护自己的尊严和名誉，珍惜自己的人品和人格，并且懂得保护自己，要学会拒绝，学会控制自己的情绪和行为。懂得自爱，才能赢得对方的尊重和友情，这一点是不可以忘记的。

此外，异性同学之间不宜过多单独交往。异性同学的广泛交往，对自身的学习、思想既有促进和帮助，也有利于情绪的振奋。而异性同学之间长期的单一交往，言谈由浅入深，由一般到特殊，则可能由本来正常的同学交往发展为“一日不见，如隔三秋”的相恋。

趣味测试
QUWEICESHI

《少男少女》杂志就“最让男生欣赏的女孩”“最受女孩欢迎的男孩”“最令男生讨厌的女孩”“女生不喜欢的男生”四个问题作了调查，从全国60000份调查表中得出了以下的统计结果。

最让男生欣赏的女孩：脸上经常有微笑，温柔大方的女孩；活泼而不疯癫，稳重而不呆板的女孩；清纯秀丽，笑起来甜甜的女孩；心直口快，朴素善良，性情随和的女孩；聪颖、善解人意的女孩；纯真不做作，有性格的女孩；能听取别人意见，自己又有主见的女孩；坦然、充满信心的女孩；不和男生打架的女孩；长头发、大眼睛、说话斯文的女孩。

最受女孩欢迎的男生：大胆、勇敢的男生；幽默、诙谐的男生；思维敏捷、善于变通的男生；好学、敏捷的男生；团结同学、重友情的男生；集体荣誉感强的男生；有主见的男生；热心助人的男生；有强烈上进心的男生；勇于承担责任、有魅力的男生。

最令男生讨厌的女孩：扮老成，一副老谋深算样子的女孩；长舌头，对小道消息津津乐道的女孩；自以为是，骄傲自大的女孩；啰啰唆唆，做事慢吞吞的女孩；小心眼，爱大惊小怪的女孩；疯疯癫癫，不懂自重自爱的女孩；总喜欢和男孩找茬、吵架的女孩；容易悲观，动不动就流眼泪的女孩；把打听和传播别人小事当“正业”的女孩；自以为“大姐大”，笑起来鬼叫一样的女孩。

女生不喜欢的男生：满口粗言秽语的男生；吹牛皮的男生；小气、心胸窄的男生；粗心大意的男生；过于贪玩的男生；喜欢花钱的男生；小小成功便沾沾自喜的男生；过于随便、得过且过的男生；遇突发事件易鲁莽冲动的男生；不做家务，说家务是女生的事的男生。

我思我悟
WOSIWOWU

青春期的烂漫季节，是人生最美好的春天。我们正处于智力发展的巅峰，是学文化、学科学、长知识、长才干的最佳时期。“一寸光阴一寸金，寸金难买寸光阴”，我们要把充沛的精力投入到学习中去。只有春天的辛勤播种，才有秋天的丰硕收获。你说是不是呢？

温馨小结
WENXINXIAOJIE

今天我学会了：

1. 青春期男女生交往应把握“六不”原则；
2. 让自己的“苹果树”在合适的季节开花；
3. 如何建立积极向上、健康发展的异性关系。

解难篇

Part 4

驱散你的烦恼

清晨，当东方升起一丝薄曦的时候，有一个新的太阳就会从那里升起，光芒四射的阳光洒向人间，无私地奉献给人们。看着周围熟悉的老师和同学，我们满怀信心、憧憬未来，以快乐放松的心态投入到新的一天。

第十章　绽放花季的美丽

——正确对待早恋的困扰

在青少年的身体里，上帝种下了一颗种子——异性之恋。它是如此的调皮、狡猾，乘着生命的嫩稚无邪，蛊惑着孩子灿烂的青春，使之看不到明天壮丽的景致，就像一朵带刺的玫瑰，闪耀着艳丽的色彩，勾人心魄，却让人流着鲜血离开。其实，早恋是一朵带刺的玫瑰，我们常常被它的芬芳所吸引，然而，一旦情不自禁地触摸，又常常被无情地刺伤。

如果我们在这个人生的转折阶段恋爱，不仅会分散学习的精力，影响学习，而且易造成身心的伤害，导致一些不必要的后果。这就如同在春季采摘秋天才能成熟的果实，品尝的只有苦涩和痛苦。

话题1　藏在书包里的玫瑰

她早恋了吗？

池塘边的榕树上　知了在声声叫着夏天
操场边的秋千上　只有蝴蝶停在上面
黑板上老师的粉笔　还在拼命唧唧喳喳写个不停
等待着下课等待着放学　等待游戏的童年
福利社里面什么都有　就是口袋里没有半毛钱
诸葛四郎和魔鬼党　到底谁抢到那支宝剑
隔壁班的那个男孩　怎么还没经过我的窗前

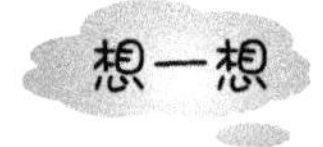

阅读材料，你能为这个女孩的无心学习找到原因吗？

认识早恋

一、早恋的含义

在中国，“早恋”一词带有长辈一方的否定性感情色彩，一般指 18 岁以下的未成年男女建立恋爱关系或对异性非常感兴趣、痴情、暗恋的过程。

早恋主要以在校生居多。在我国，20 年的调查统计表明，中学阶段没有发生过感情的人很少，而大多数都是暗恋、单恋（单相思）。只有相互有好感，才能发展成为早恋。早恋行为是青少年在性生理发育的基础上，由心理转化为行为的实践活动。

二、早恋的特点

1. 朦胧性。早恋多是一种朦胧的对异性的眷恋和向往，两人之间还没有产生深沉执着的情爱，也很少有自觉的、一对一的、以建立家庭为目标的道德感。他们之间存在一些模糊不清的感情，似乎是爱，又似乎不是爱。有的是把对某个异性的好感当成了爱，有的是由于偶尔的好感，也有的是羡慕对方的聪慧和才能等。

2. 感染性。早恋往往具有“流行的性质”，有的班级可能没有学生谈恋爱，但在有些班级，如果有几个在谈，很快就会像连锁反应一样，感染其他同学，甚至有些同学会为自己还没有恋爱而自卑。

3. 单纯性。早恋大多是很单纯的，爱就是一切，不附加任何条件，往往说不出明确而充足的理由，其感情是幼稚和纯洁的。

三、早恋的原因

1. 步入青春期以后，由于身心的发展，自然会对异性产生一种好奇感。

2. 被对方的气质、美貌、体魄、幽默的话语或者雄辩的口才等所吸引，身不由已地想和对方接近。

3. 缺乏家庭的关爱，导致学生想在家庭之外寻找温暖。

4. 缺少同性朋友，缺少友谊。这种情况下最容易被异性不经意间的帮助所感动，从而对对方产生依赖感。

5. 在一起时间久了(同桌或者邻位)，产生了友谊，误将友谊当成了爱情。

6. 看别人谈了，自己为了虚荣心也想去试试，甚至以跟多人谈过恋爱为荣。其实大部分人所谓的谈过恋爱就是跟对方聊了几句。

妙龄时光

你是快乐的，因为你很单纯；你是迷人的，因为你有一颗宽容的心。

让友情成为草原上的牧歌，让敌意有如过眼烟云，伸出彼此的手，握紧令人歆羡的韶华与纯真。

年轻的我们，要做的事还很多，要走的路还很长。该把握住青春，去做我们该做的事情，不轻易去爱，把我们的爱珍藏心底，把我们的爱化作纯洁的友情；更不要轻易去恨，让自己活得轻松些，让青春多留下些潇洒的印痕，这才无悔于青春。

早恋需要疏导

一、给“青春期恋情”一个合理客观的评价

老师应告诉学生这是正常的，证明他们已经从儿童时期进入到对爱情有渴慕的青春期阶段；并且在日常生活中尊重学生的人格和感情，切忌不可为此讽刺、讥笑学生。

二、帮助学生正视“青春期恋情”

如果学生已经有了恋情，应当帮助学生分析这段恋情。如果学生是被对方的优点和长处吸引，就该引导其将这种美好的情感和对对方的钦佩、欣赏化为自我提升的动力;如果学生是被对方的外貌或家境所吸引,就该告诉学生这种感情是肤浅的,物质和外在只是表面,内在精神的高尚和充实才是最重要的。

三、多和学生聊天,注意学生的思想动向

不要刻意避免在学生面前谈“青春期恋情”,其实,越是开放坦白地和学生谈“青春期恋情”的事,越是能打破学生对“恋爱”的神秘感。

四、加强性教育

如果学生已经和爱慕的异性有交往密切的倾向,就要坦然地跟学生讲交往过程中需要注意的事项,教育学生管好自己的行为,预防性行为的发生。

五、帮助学生树立正确的爱情观

教育学生不应乞求得到爱慕的异性的回应,而应对对方多关心一点,在对方需要的时候给予帮助和鼓励。这样能够帮助学生正确认识“爱情”,也能帮助学生建立健康的爱情观。

趣味测试
QUWEICESHI

你是否有早恋倾向?

请根据自己的实际情况作答,“是”记1分,“否”记0分。

1. 以前不爱打扮的你突然喜欢打扮了。
2. 你现在非常喜欢照镜子的感觉。
3. 近期很喜欢购买比较时髦的衣服。
4. 你现在不如以前爱学习,成绩也不如以前好了。
5. 经常在写作业的时候想到别的事情。
6. 感觉自己现在比以前忧郁了。
7. 最近常常感觉和家人说不到一起去,变得生疏起来。
8. 有时会对周围的人说谎话。
9. 有时兴奋,有时烦躁不安,有时忧郁,情绪不太稳定。
10. 回家之后喜欢一个人待在房间里。
11. 喜欢看一些关于爱情方面的书籍。

12. 喜欢看关于风花雪月的电视节目。
13. 你会经常写信但又害怕家长看见。
14. 近期经常接到异性同学的电话。
15. 自己收到了一些来历不明的小礼物。
16. 突然对某异性同学的名字特别敏感。
17. 近来经常光顾公园、溜冰场等娱乐场所。
18. 经常浮想联翩,难以入睡。

【测试结果解析】

通过这个测试,看看你有没有早恋倾向。

◎ 0～6 分:你丝毫没有早恋倾向。

◎ 7～13 分:你现在没有早恋,但已经有早恋的倾向了,要注意自我调节。

◎ 14～18 分:现在的你恐怕已经在恋爱中了,千万不要耽误学习。

我思我悟
WOSIWOWU

请你对照早恋的定义及特点,谈谈技校生谈恋爱是否算早恋。我们应该如何对待爱情、婚姻?

今天我学会了：

1. 早恋的含义及特点；
2. 早恋产生的原因；
3. 如何正确疏导早恋。

话题2 爱情向左，我向右

爱情是伟大的，爱情是浪漫的，一个人喜欢别人或被别人喜欢都是一件非常幸福的事，可一旦爱错了“季节”，就将成为人生悲剧。因为人生的四季都有不同的主题：春季播种，夏季耕耘，秋季收获，冬季享受快乐，不同的季节享受不同的主题，就会得到幸福和快乐。而我们技校生正处在人生的春季。在这个季节里，我们要树立远大的人生理想，在知识的土地上播种；夏季，我们才能挥洒汗水耕耘在事业的田野里；秋季，我们才能收获事业、爱情的果实；冬季，我们才能享受人生的幸福。

所以，同学们在生命之河积蓄力量、奔向更为蓬勃远方的时候，不要被眼前的艳丽俘虏，从而忽视了人生的其他要义！

心灵故事 XINLINGGUSHI

刺猬的故事

森林中，十几只刺猬冻得直发抖。为了取暖，它们只好紧紧地靠在一起，却因为忍受不了彼此的长刺，很快就各自跑开了。

可是天气实在太冷了，它们又想要靠在一起取暖，然而靠在一起时的刺痛使它们又不得不再度分开。就这样反反复复地分了又聚，聚了又分，不断在受冻和受刺两种痛苦之间挣扎。最后，刺猬们终于找出了一个适中的距离，既可以相互取暖而又不至于彼此刺伤。

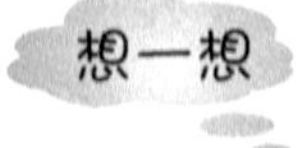

想一想

上述故事中，刺猬的做法对我们的早恋有什么启发？

心灵宝库 XINLINGBAOKU

早恋的危害

早恋

由于早恋大多难以得到家庭、学校和社会的认可，各方面都有很大的压力与矛盾，因而早恋者容易注意力分散，志趣和目标容易发生改变，这种改变大多对人是一种负面的影响，对人的性情、性格、人生观、世界观的形成有害而无益。

早恋常具有以下危害：

一、早恋危害学生的身心健康

身体上：很多早恋者情绪不够稳定，好冲动，易动感情，自控力较差，常常会产生各种影响身体健康的不良情绪，因而导致一系列身体不适，久而久之，有可能会出现消化道病症、低血糖等。同时，由于早恋的同学将大部分时间花在谈恋爱上,忽视了体育锻炼,所以发生疾病的人数远远高于其他同学。

心理上:对于早恋者而言,早恋是一个既充满欢喜又充满苦闷的过程。由于对对方的爱恋,早恋者常常因为对方的苛刻要求而情绪变化;也会因为早恋而感到父母、同学、老师的压力,再加上恋人的挑剔和故意的非难,那些心理承受力本来就差的同学便无法保持正常稳定的情绪,从而导致心理失衡。有的同学跨越雷池之后,顿觉"爱情原来就是如此",萌发厌倦生活的念头。这些痛苦的心境和不健康思想的存在,使得一些学生的道德感、人生价值观和世界观受到严重扭曲。

案例

2002 年 1 月 15 日,北京怀柔某校的古伟、李青两位男女同学在牵手进教室时被老师看见,随后遭到老师批评,老师认为两人还小,不该有谈恋爱的行为。当天,这两位同学便离开学校,在铁路怀柔段相互拥抱卧轨,死于非命。

2003 年 9 月 26 日傍晚,沈阳市康平县第一中学校园内发生一幕惨剧。一名高二年级男生因恋人提出分手,用尖锐的玻璃碎片扎破自己胸口,造成严重的心脏破裂,裂口长达 1.5 厘米,体内鲜血流出一半,生命岌岌可危。

二、早恋对学生的学习干扰极大

早恋对学生的学习影响极大。大量实例告诉我们,沉湎于早恋的同学多数都是沿着"感情直线上升,成绩直线下降"的轨迹运动的。然而,有些向往或陷入早恋的学生却认为只要热恋的两个人志同道合,就不会影响学习。他们甚至概括出一个所谓"男 + 女 = 两个人的合力"的公式来。大量事实表明,这种看法是幼稚、糊涂、错误的,因为学生的早恋不光有风和日丽的春天,也有寒风刺骨的冬季;早恋的学生时常要经受嫉妒和失败的折磨,早恋的小河常常会波澜叠起,漩涡环生。这一切对于涉世不深、意志薄弱、情感易于冲动的学生本来就是一种"超负荷"运载。在早恋沉重的几乎要压垮稚嫩心灵的超负荷运载下,无心学习、成绩下降是十分自然的,也是屡见不鲜的。

徐州某校的男生黄某，人长得英俊，学习又很出众，一直是同学羡慕的对象。可是三个月以后，黄某的成绩一落千丈。原来，他与班上的女生李某谈起了恋爱。黄某每天疲于应付约会和小纸条，课上要么分神，要么打瞌睡，老师讲的知识根本听不进去，作业无法完成，只得抄袭。看着老师、家长失望的眼神，他后悔莫及。

小忠是性格内向的高一男生，第二学期以来，就对同班一女生产生了一种朦胧的情感。每天学习心不在焉，目光不受控制地追逐她的身影，不管她在教室的哪一个角落，小忠都能感受到她的存在。在小忠心目中，那女孩就是"女神"，而且他不可遏制地妒忌与她接近的那些人。为此他心神恍惚，成绩急转直下。

三、早恋容易使学生产生越轨行为

青少年富有激情，容易冲动，自我控制能力差。热恋中的少男少女往往不能控制自己的感情而过早地发生两性关系，更严重的是有的男生让对方怀孕后，陷入一种极端恐惧和痛苦的境地之中，既不敢让家长、老师知道，也不愿让同学知道，而去求助于一些江湖骗子堕胎，使许多女生因此而再次失身，演出一幕幕堕落、出走甚至自杀的悲剧。年轻的学生应当警惕！越雷池一步必定要付出惨重的代价，千万不要让自己成为早恋的牺牲品。

北京有两位16岁的技校生，由于缺乏性知识，两人偷尝禁果，并致使女生宫外孕。此后，两个人在精神、心理和身体上均承受了巨大的痛苦与压力。

一个16岁的女生，因早恋做了未婚妈妈，半年内做了人流三次，不幸染上性病，遗憾终生！

四、早恋有可能导致犯罪

学生过早涉及爱情，可能给社会带来不安定。流氓、斗殴、盗窃等社会现象的发生，有很大一部分与学生的早恋有关。一方面，学生心高气盛，不肯轻易吃亏，特别是在女朋友面前，更不愿意丢脸，他们往往会因为对方对女朋友说了一句不礼貌的话、做出了一个不雅的举动而丧失理智，大打出手，甚至聚众斗殴，以显示自己的本事，从此走上违法犯罪的道路。另一方面，学生恋爱需要有物质上的消费，但他们的经济依赖于父母或他人，自己还不能自立，在从初恋到结婚的一段"马拉松"式的恋爱期间，父母所提供的零花钱往往满足不了需要，这样，学生容易误入歧途，诱发偷和抢的念头，最后也会走上违法犯罪的道路。

在曾轰动河南省的郑州市"5·21"校园凶杀案中，17岁的普某系郑州铁路某校学生，因犯故意杀人罪受到了法律的制裁。经查：普某因暗恋的本班女同学李某喜欢上别人，决定第二天把李某强奸后杀死，然后自杀。

5月21日下午，普某在商店购买了锁、刀片、啤酒、烧饼等物品，将被害人李某骗至校园附近小屋内，要与其发生性关系，遭到拒绝后，普某竟将李某掐死。作案后普某自杀未遂逃窜，后到公安机关投案。据悉，普某受早恋影响，心理不健康，且平时爱浏览黄色网站，中毒颇深，最终铤而走险，以身试法，酿成命案。

致橡树

——舒婷

我如果爱你——
绝不像攀援的凌霄花，
借你的高枝炫耀自己；
我如果爱你——

绝不学痴情的鸟儿，
为绿荫重复单调的歌曲；
也不止像泉源，
常年送来清凉的慰藉；
也不止像险峰，
增加你的高度，衬托你的威仪。
甚至日光。
甚至春雨。
不，这些都还不够！
我必须是你近旁的一株木棉，
做为树的形象和你站在一起。
根，紧握在地下；
叶，相触在云里。
每一阵风吹过，
我们都相互致意，
但没有人，
听懂我们的言语。
你有你的铜枝铁干，
像刀、像剑，也像戟；
我有我红硕的花朵，
像沉重的叹息，
又像英勇的火炬。
我们分担寒潮、风雷、霹雳；
我们共享雾霭、流岚、虹霓。
仿佛永远分离，
却又终身相依。
这才是伟大的爱情，
坚贞就在这里：
爱——不仅爱你伟岸的身躯，
也爱你坚持的位置，足下的土地。

面对早恋你会说“NO”吗?

一、避免早恋

当你对异性萌生爱意时,可采取如下方法:

1. 转移法:把精力转移到学习上去,用探求知识的乐趣来取代不成熟的感情。

2. 冷处理法:逐步疏远彼此的关系,以冷却灼热的恋情。

3. 搁置法:中止恋情,双方的心扉不向对方开启,保持着纯洁、珍贵的友谊。

二、如何对待早恋

当有人向你表示“爱慕”或求爱时怎么办?

1. 正确对待。(1) 感情上:一时冲动,难保永久;(2) 意志上:自制力差,易做“越轨”的事;(3) 经济上:不具备恋爱的经济基础;(4) 精力上:与学习时间冲突,从而影响前途。

2. 妥善解决。(1) 不宜嘲讽、谩骂、训斥对方;(2) 不宜向老师、同学公开,使人难堪;(3) 最好冷处理。

3. 如果对方不知趣,苦苦追求、纠缠怎么办?(1) 写信、交谈态度要鲜明、坚决,注意场合,注意语气;(2) 必要时请求老师、家长、朋友帮助,摆脱困境。

三、拒绝的艺术

1. 态度要坚决。——直截了当

(例:谢谢! 不过,对不起! 我觉得我们现在还不适合谈恋爱。)

2. 尽力维护对方的自尊。——婉言谢绝

(例:我父母不希望我这么早谈恋爱,我不想伤他们的心。你是个好男孩,我很尊重你,我们能永远当朋友吗?)

四、选择恰当的拒绝方式

1. 机智幽默法。

(例:啊! 对不起! 我还想以学习为重,只好当爱情的逃兵了。)

2. 避实就虚法。

(例:今天,咱们先不谈这个。对了,你最近的一次月考怎样啊?)

趣味测试
QUWEICESHI

你早恋了吗?

1. 你是不是常因脑海中浮现出他(她)的形象而走神?

2. 当同性对他(她)有亲近的表示时,你是不是产生一种妒忌?

3. 你是不是比以往更爱打扮自己?

4. 你是不是比以往更爱看言情小说?

5. 你是不是在某个异性面前特别爱展现自己,总想引起对方的注意?

6. 你最近的学习成绩是否明显下降?

7. 你是否有梦见和他(她)单独在一起的时候?

8. 你现在写作业经常心不在焉?

9. 你是不是非常想得到他(她)送给你的手帕、贺年卡、纪念卡或别的什么小礼物,并把这种礼物视若珍宝?

10. 你是不是总要找些借口愿意和他(她)单独在一起并故意献些小殷勤?

11. 你是不是关注儿女情长的事情?

12. 当别人批评他时,你是不是对这种批评产生反感情绪?

13. 你是不是爱说谎了?

14. 他(她)对你的态度如何,你是不是特别敏感?

15. 他(她)虽然有缺点,但你心中却并不认为是缺点,认为这些都是可以原谅的。

【测试结果解析】

通过这个测试,如果你的回答是肯定多于否定,那么你可能已在尝试早恋。

【宣誓仪式】

____________学院(校)____________系____________班宣誓仪式

青春多彩，在于拼搏
青春无悔，志在向前
我们用激情创造卓越
我们用青春追逐理想
在此，我们庄重承诺：
拒绝早恋，珍惜青春时光
健康成长，如雄鹰展翅翱翔

我思我悟
WOSIWOWU

请你对照早恋的危害，谈谈我们应该如何对待爱情和学习。

温馨小结
WENXINXIAOJIE

今天我学会了：

1. 早恋的危害；
2. 如何建立积极向上、健康发展的异性关系；
3. 面对早恋，要学会说“NO”。

第十一章 走出封闭的泥沼
——抑郁症的预防与治疗

当你的情绪陷入低潮，被抑郁所控制不能自拔时，要懂得适时调控和发泄自己的抑郁情绪，不要把负面情绪积压在内心，凡事多从积极方面去想，不要让负性思维控制自己的情绪。这样才不会影响自己的生活和学习。你也能迅速从抑郁的漩涡中摆脱出来，摆脱抑郁阴影，使生命重新焕发活力，再现人生光彩。

话题1 关注抑郁症

近年来，技校生因学习、生活、就业等压力的增大，同时又因处于自我意识发展迅速的时期，独立意识强，有很多个人想法不愿外露，以及失恋、心理失衡等原因，抑郁症的发病率明显上升，因抑郁症的发作而发生行为失控的恶性事件也频频发生。作为一种情感障碍性精神疾病，抑郁症已成为技工院校学生心理健康方面的主要疾病。

抑郁情绪

小林以优异的成绩进入某重点技工院校学习。第一学期期末，本来踌躇满志准备获取奖学金的她未能如愿。从此，她的情绪一落千丈，变得郁郁寡欢，无心学习，也无法处理好与同学的人际关系，还整夜失眠。最后不得不去医院精神科检查，结果被诊断出患了抑郁症。

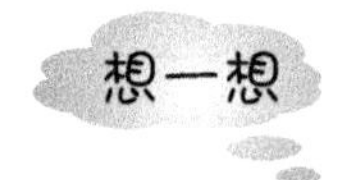

通过阅读上述病例,你了解抑郁症吗?

认识抑郁症

一、抑郁症的含义

抑郁症是由各种原因引起的以抑郁为主要症状的一组心境障碍或情感障碍,是一组以抑郁心境自我体验为中心的临床症状群或状态。

每个人在某些时段都会有情绪低谷,感觉意志消沉,这就是抑郁感,就好像人都会感冒一样,是正常的,不久就会过去的。长达2周以上的抑郁感,严重到不能正常学习、工作和生活,才算是抑郁症。

二、技校生抑郁症发病率明显上升的原因

1. 心理失衡。技工学校的学生普遍都是中考的失利者,往往因为成绩较差,进不了普通高中,才进入职业学校;加上社会上的人常常戴着有色眼镜来看待技工学校,使得技校生常常处于一种自卑状态之中,导致易产生心理失衡。

2. 学习压力增大。科技的高速发展使技校生所学课程增多、负担增加,有些学生出现了挂科现象,心理压力明显增大。

3. 贫困生的生活压力增大。城乡经济发展的差异,使得贫困生在校学习、生活的支出明显增高,生活压力增大;又因一部分技校生存在攀比心理,因而贫困学生的思想包袱加重。

4. 失恋。因青春期的特点,技校生们容易盲目谈情说爱,一旦受到社会和家庭因素的影响,恋爱关系被迫终止,感情受挫,郁闷于心,日久便会形成抑郁症。

5. 毕业生就业压力增大。近些年,某些专业的就业市场达到饱和,毕业生不能找到满意的单位,对未来的工作和生活悲观失望,失去了生活的信心，也容易一蹶不振，郁闷成疾。

三、技校生抑郁症的表现症状

1. 情绪低落，遇事缺乏信心。许多技校生因为患有抑郁症而情绪低落，不论对学习还是生活均兴趣索然，不愿与人交流。他们谈及前途时心情黯淡，对今后的工作、生活没有信心，甚至当众流泪。

2. 思维抑制，反应迟缓。由于情绪低落和心情抑郁，有的技校生反应迟缓，上课时注意力不能集中，常常是双眼盯着黑板或老师，心里却在想其他事情。

3. 行为被动，自我封闭。由于整个精神活动明显抑制，反应迟钝，因而患有抑郁症的技校生往往生活被动，凡事缺乏主动性，对于集体活动能不参加就不参加，必须参加时也有沉默和独处的倾向，不合群。

4. 突发冲动，行为极端。患抑郁症的学生一旦遇到挫折，大多表现为不知所措，在长时间的失望、焦虑中会突然产生怪异想法或反社会行为。心理学上对此总结为严重的个性压抑会带来巨大的个性膨胀，受到压抑的个性最终会为自己的发展找个缺口，这时“蔫人长出了豹子胆”，悲剧往往就会发生。

5. 交往中感到自卑。有抑郁倾向的技校生往往具有过分的自责和过多的否定性自我评价，以致自卑，甚至自尊降低。他们常常担心别人看不起自己，同学间不经意的一句玩笑或一个举动，都会深深地刺伤他们的心灵。强烈的自尊渴望与脆弱的情绪情感相交织，会无形中加深这些同学的自卑，加重抑郁程度。

《阳光总在风雨后》歌词

人生路上甜苦和喜忧，愿意与你分担所有。难免曾经跌倒和等候，要勇敢地抬头。谁愿藏躲在避风的港口，宁有波涛汹涌的自由。愿是你心中灯塔的守候，在迷雾中让你看透。阳光总在风雨后，乌云上有晴空，珍惜所有的感动，每一份希望在你手中；阳光总在风雨后，请相信有彩虹，风风雨雨都接受，我一直会在你的左右。

快乐来自内心

格式塔疗法是由美国精神病学专家弗雷里克·S. 珀尔斯博士创立的。根据珀尔斯的最简明的解释,格式塔疗法是自己对自己疾病的觉察、体会和醒悟,是一种修身养性的自我治疗方法。现在将此疗法的"九条原则"介绍如下:

一、生活在现在

不要老是惦念明天的事,也不要总是懊悔昨天发生的事,而把精神集中在今天要干什么上。因为遗憾、悔恨、内疚和难过并不能改变过去,只会使目前的工作难以进行下去。

二、生活在这里

我们对远方发生的事无能为力,想也没有用。杞人忧天,徒劳无益;惶惶不安,对于事情毫无帮助。记住自己就是生活在此处此地,而不是遥远的其他地方。

三、停止猜想,面向实际

很多心理上的纠纷和障碍,往往是因为自己没有实际根据的"想当然"所造成的。如果你向老师或同学打招呼,他们没反应,你可能怀疑他们对自己有意见,其实也许正巧他们心事重重,没有留神你罢了。因此,不必毫无意义地胡乱猜想推测。

四、暂停思考,多去感受

很多人整天所想的就是怎样做好工作,怎样考出好成绩,怎样搞好同学关系等,这样往往容易忽视或者没有心思去观赏美景,聆听悦耳的音乐等。

五、要接受不愉快的情感

愉快和不愉快是相对的,也是可以相互转化的。因此人们要有接受不愉快情绪的思想准备。如果一个人成年累月总是"愉快""兴奋",那反而是不正常现象。

六、不要先判断，先发表参考意见

人们往往容易在别人稍有差错或者失败的时候就立刻下结论。格式塔疗法认为，对他人的态度和处理人际关系的正确做法应该是：先不要判断，先要说出你是怎样认为的。这样做可以防止和避免与他人不必要的摩擦和矛盾冲突，而你自己也可以避免产生无谓的烦恼与苦闷。

七、不要盲目地崇拜偶像和权威

现代社会，有很多变相的权威和偶像，它们会禁锢你的头脑，束缚你的手脚，比如学历、金钱等。格式塔疗法对这些一概持否定的态度。我们不要盲目地附和他人，从而丧失独立思考的习性，也不要无原则地屈从他人，从而被剥夺自主行动的能力。

八、我就是我，对自己负责

不要说什么“我若是某某人我就一定会成功”。应该从自己做起，充分发挥自己的潜能。不必怨天尤人，要从我做起，从现在做起，竭尽全力地发挥自己的才能，做好自己能够做的事情。

九、正确地自我估计

每个人在社会中，都占据着一个特定的位置，所以你就得按照这个特定位置的要求，把自己摆在准确的位置上，去履行你的权利和义务；你如果不按照社会一致公认和大家共同遵守的规范去做，那你就会受到社会和他人对你的谴责和反对。

当然，心理治疗也不是万能的，对一些严重的抑郁症病人来说，首先是药物治疗，然后再考虑合并使用心理治疗的方法。另外需要注意的是，心理治疗并不排斥其他治疗方法的应用，尤其是药物治疗，倘若与药物治疗合用，对抑郁症病人往往会起到事半功倍的效用。

趣味测试
QUWEICESHI

抑郁自评量表（SDS）

注意事项：下面有 20 条题目，请仔细阅读每一条，把意思弄明白。每一条文字后有四个选项，分别表示：A 没有或很少时间（过去一周内，出现这类情况的日子不超过一天）；B 小部分时间（过去一周内，有 1～2 天有过这类情况);C相当多时间(过去一周内,有3~4天有过这类情况);D绝大部分或全部时间(过去一周内,有5~7天有过这类情况)。

时间建议:5~10分钟。

1. 我觉得闷闷不乐,情绪低沉	A	B	C	D
2. 我觉得一天之中早晨最好	A	B	C	D
3. 我一阵阵哭出来或觉得想哭	A	B	C	D
4. 我晚上睡眠不好	A	B	C	D
5. 我吃的跟平常一样多	A	B	C	D
6. 我与异性亲密接触时和以往一样感觉愉快	A	B	C	D
7. 我发觉我的体重在下降	A	B	C	D
8. 我有便秘的苦恼	A	B	C	D
9. 我心跳比平时快	A	B	C	D
10. 我无缘无故地感到疲乏	A	B	C	D
11. 我的头脑跟平常一样清醒	A	B	C	D
12. 我觉得经常做的事情并没有困难	A	B	C	D
13. 觉得不安而平静不下来	A	B	C	D
14. 对将来抱有希望	A	B	C	D
15. 比平常容易生气激动	A	B	C	D
16. 觉得作出决定是容易的	A	B	C	D
17. 觉得自己是个有用的人,有人需要我	A	B	C	D
18. 觉得生活过得很有意思	A	B	C	D
19. 认为如果我死了别人会生活得好些	A	B	C	D
20. 常感兴趣的事我仍然感兴趣	A	B	C	D

记分:正向计分题A、B、C、D按1、2、3、4分计;反向计分题按4、3、2、1计分。

反向计分题号:2、5、6、11、12、14、16、17、18、20。

【测试结果解析】

将20个项目的各个得分相加,即得总分。总分的正常上限参考值为

41 分，标准分等于总分乘以 1.25 后的整数部分。分值越小越好。

标准分正常上限参考值为 53 分。标准总分 53 ~ 62 为轻度抑郁，63 ~ 72 为中度抑郁，72 分以上为重度抑郁。

我思我悟
WOSIWOWU

请你对照抑郁症的含义及表现症状，谈谈我们应该如何看待抑郁症。

温馨小结
WENXINXIAOJIE

今天我学会了：

1. 抑郁症的含义及表现症状；
2. 职校生抑郁症产生的原因；
3. 格式塔疗法的“九条原则”。

话题2 还心灵一片天空

抑郁症是一种疾病,它是技校生群体中比较普通的不良情绪表现之一。在大多数情况下,技校生的抑郁情绪都可找到较为明显的诱因,如学习成绩落后、学业受挫、失恋、人际关系紧张、丧失亲人等有关负面生活事件的影响。抑郁情绪几乎人人都体验过,但对大多数人来说,抑郁情绪只是偶尔出现或为时短暂,时过境迁,很快会消失。如果较长时间陷入抑郁情绪中不能解脱,则可能发展为抑郁症。

梵高:悲情画家悲情离世

1889年2月,梵高因耳伤出院才过了一个月,当他正走在医院的一个出口处时,突然拿起了装满松节油的瓶罐,喝下了一升多松节油,这是他第一次企图自杀。之后,梵高便时常有令亲友不安的举动出现,显然这是因为精神负担过重而引起的。终于,到了1890年7月27日,不堪心理重荷的梵高拿着手枪走进了一个农民的田庄。他没有将左轮手枪对准自己的头部或心脏,而是朝自己的下腹部开了一枪。然后他拖着沉重的脚步回到了自己的房间。被人发现时,已是两天后的早晨了。

想一想

通过上述事例,你能找到梵高自杀的原因所在吗?你认为,抑郁会发展成一种病吗?是否需要治疗?

认识抑郁症的伤害

一、抑郁症给技校生带来的伤害

1. 人际间的扩散传播。众所周知，人的情绪是会传染的，抑郁情绪也一样会在技校生中蔓延，因此，需要防止抑郁症在学生群体间传播的趋势。

2. 引发心理行为异常。技校生一旦出现抑郁症，大多只会自己忍受，以致造成心理和精神上的巨大压力，并陷入焦虑、烦恼、孤独、恐惧等症状中不能自拔，从而严重影响学习和生活。

3. 弱化社会适应能力。技校生出现抑郁症后，会给其带来精神上的痛苦和折磨，有时会发展为超过躯体的心理疾病，甚至影响其一生。由于技校生自身心理知识的缺乏，加上社会的偏见，容易习惯地将心理疾病都冠以“精神病”，因此很多有抑郁症状的技校生不愿将自己的病情告知与人，从而耽误了治疗的最佳时机。

二、技校生心理健康十项标准

1. 有积极乐观的生活态度。
2. 积极参与集体生活。
3. 精力充沛。
4. 思维敏捷。
5. 情绪平稳。
6. 心胸宽广，懂得取舍。
7. 行为上“知行”合一。
8. 具有有效行为能力。
9. 人际关系良好。
10. 能够进行良好的自我管理，可以合理安排自己的生活，控制自己的情绪。

《在路上》歌词

那一天,我不得已上路,为不安分的心,为自尊的生存,为自我的证明。路上的辛酸已融进我的眼睛,心灵的困境已化作我的坚定。在路上,用我心灵的呼声;在路上,只为伴着我的人;在路上,是我生命的远行;在路上,只为温暖我的人,温暖我的人。

抑郁症的治疗

一、中医改善抑郁的食谱

食谱一:天麻 3 克,鸡肉(或猪肉)30 克,香菇 2 朵,小芋头 1 个,青豌豆 30 克,胡萝卜、竹笋、酒、酱油各适量。用法:天麻、鸡肉、香菇、小芋头、青豌豆、胡萝卜、竹笋、酒、酱油加水适量共同煮熟后,早晚食用。

食谱二:黑芝麻 250 克,核桃仁 250 克,红糖 500 克。用法:先将红糖放入锅中,加水少许,熬成稠膏,再加入炒熟的芝麻、核桃仁,调匀,趁热将其倒入表面涂过香油的大盘内,待稍凉,压平切块,随意食用。

食谱三:甘草 9 克,小麦 24 克,红枣 5 枚,瘦猪肉 90 克,精盐适量。用法:上述诸物洗净,红枣去核,猪肉切成块,用适量水煮 1 小时左右,加精盐调味。随意食用。

食谱四:桂圆肉 15 克,红枣 5 枚,粳米 50 克,红糖适量。用法:桂圆肉、红枣、粳米分别洗净放入锅内,加水适量煮成粥,煮熟后加红糖。空腹服用。

食谱五:核桃 5 个,白糖 30 克,黄酒 30 克。用法:砸开核桃取仁碾碎,与白糖、黄酒混合,放在锅内,用小火煎煮 15 分钟。睡前适量饮用。

二、求医问药

处于抑郁状态的学生承受着精神甚至躯体的极大痛苦,因此,一旦学生疑似有抑郁症,须引起学生及家人的重视,不要认为心理医生不是医生,精神方面的疾病不是病。在正视自己疾病的基础上，首先应该及时去精神卫生机构进行专业诊断和治疗，按时服用抗抑郁药（抗抑郁药效果很好，但可能见效很慢，需要坚持服用）。需要特别指出的是，抑郁症一经识别最好接受及时、充分、彻底的治疗（即急性期治疗获得临床痊愈，并进行充分的巩固治疗和维持治疗），否则会导致疾病的慢性化、难治化。

趣味测试
QUWEICESHI

技校生抑郁量表评分方法

我国技校生抑郁量表，共20项。对每一项的评定都采用5级评分法，即无为1分，轻度为2分，中等为3分，偏重为4分，严重为5分。

	无	轻度	中度	偏重	严重
1. 我感到忧愁	1	2	3	4	5
2. 我精神不振	1	2	3	4	5
3. 我沉默寡言	1	2	3	4	5
4. 我对学习没有兴趣	1	2	3	4	5
5. 我情绪低落	1	2	3	4	5
6. 我觉得疲劳	1	2	3	4	5
7. 我对学校各种活动没有兴趣	1	2	3	4	5
8. 我觉得学习枯燥无味	1	2	3	4	5
9. 我对我的前途悲观失望	1	2	3	4	5
10. 我觉得生活没意思	1	2	3	4	5
11. 我头昏脑涨	1	2	3	4	5
12. 我学习成绩下降	1	2	3	4	5
13. 我有自卑感	1	2	3	4	5
14. 我把做什么事都当成负担	1	2	3	4	5
15. 我对人对事冷淡	1	2	3	4	5
16. 我对我的学习成绩发愁	1	2	3	4	5
17. 我有孤独感	1	2	3	4	5

18. 我丧失学习的毅力	1	2	3	4	5
19. 我上课注意力不集中	1	2	3	4	5
20. 我学习效率低	1	2	3	4	5

【测试结果解析】

为简便起见,我们在评定受试者的抑郁程度时,采用总均分。把学生抑郁量表 20 项的每一项的分数之和除以 20,就得出总均分。总均分:

2 ~2.99 分,表示存在轻度抑郁。

3 ~3.99 分,表示存在中等程度抑郁。

4 ~4.99 分,表示存在较严重程度的抑郁。

5 分表示存在非常严重的抑郁。

通过学生抑郁量表的测定,总均分 2 ~2.99 分,即存在轻度抑郁问题。通过自我心理调节,可以得到改善和消除。总均分 3 ~3.99 分,即存在中等程度抑郁问题,也可以通过自我心理调适,使症状逐步减轻和消除;如果进行自我心理调适一个月症状仍没有缓解,建议找心理医生咨询。总均分超过 4 分,建议找心理医生咨询。

我思我悟
WOSIWOWU

假设我患上了抑郁症,我该怎么办?

____

____

____

____

____

____

____

____

____

____

温馨小结
WENXINXIAOJIE

今天我学会了：

1. 抑郁症带来的伤害；
2. 抑郁症的预防和治疗；
3. 技校生心理健康十项标准。

第十二章　走进快乐的E时代
——怎样防止和戒除网瘾

网络是一个庞大的信息系统,普通人通过这个系统在信息交流中可接收到所需要的信息。技校生敏感、好奇、富有幻想,是一个自我防护意识和自我控制能力均相对薄弱的群体,因此容易被暴力游戏、色情信息等不良网站内容所吸引,甚至沉迷于网络而形成网瘾。这不仅会给个人带来不良后果,还会给社会带来不良影响。

E时代的“大烟馆”

合肥某技校学生徐小辉,白天在宿舍睡觉,晚上去网吧上网。他在虚拟世界里过五关斩六将,获得快慰和满足;但在现实世界中却成绩一路下滑,到学期末,已经有7门功课“红灯高悬”,拖欠学分高达21分,再多4分就要降级。

他说:“玩多了也会自责,觉得对不起父母。因为家是农村的,为了我上学父母还借了两万多元债务。可是越是自责越想逃避,越愿意躲到网络的虚拟世界中,忘记烦心的事情。”徐小辉觉得网络就像精神鸦片,一旦上瘾,想戒除非常困难。

想一想

通过以上事例,你能找到徐小辉学习不好的原因吗?

你知道IAD吗？

网瘾

一、网瘾的含义

网瘾即网络成瘾综合征(IAD, Internet Addiction Disorder)或病理性网络使用(PIU, Pathological Internet Use),是指上网者由于长时间地和习惯性地沉浸在网络时空中,对互联网产生强烈的依赖,以至于达到了痴迷的程度而难以自我解脱的行为状态和心理状态。本质上说,网瘾是一个心理学问题,网络成瘾是一种心理机制。

网瘾的高发人群为12~18岁的学生,以男性居多,男女比例约为2:1。这个时期的学生,本身大脑皮层发育还不完善,意识也比较弱,理解力和判断力差,自控能力也比较差。他们正处于青春期,反叛心理严重,对新鲜事物又充满了好奇,喜欢寻求刺激、惊险和浪漫,以满足这个阶段的人生需求;而网络出现之后,网络游戏、色情网站和上网聊天,恰好符合他们的心理需求,自然就会出现网络成瘾。

二、网瘾的种类

1. 网络游戏成瘾:强迫性地沉溺于电脑游戏或编写游戏程序。例如沉溺于网络游戏。

2. 网络色情成瘾:沉迷于成人话题的聊天室或网络色情文学等。例如沉迷于浏览黄色网站。

3. 网络关系成瘾:沉溺于通过网上聊天结识朋友。例如沉溺于QQ、MSN等聊天工具。

网瘾的种类

4. 网络信息成瘾:强迫性地浏

览网页以查找和收集信息。例如无法控制地想打开网页,获取更多消息。

5. 网络交易成瘾:以一种难以抵抗的冲动,着迷于在线赌博、网上贸易或者拍卖、购物。例如过分沉迷于当当、卓越、淘宝等网上购物。

三、网络成瘾成因分析

1. 信息时代,学生与社会的距离日趋扁平化,社会的迅猛发展形成的一系列深刻变革,对学生形成了几乎零距离的直接冲击,而教育未能及时对此作出反应。互联网前所未有的普及为学生们提供了一种全新的展现自我的途径,从而使其“移情”于网络。

2. 父母教育子女的方式不恰当可能造成子女无法与他人正常交往,导致人际关系的障碍。而互联网给传统人际关系带来的冲击是史无前例的,它把人与人之间的交往带入了一个完全虚幻的空间,技校生在这里寻找认同、安慰,发泄不满,他们无所顾忌地表达内心的感受,轻而易举地就在网络上找到自己的“归宿”。

3. 求知欲望强烈,盲目追求时尚。例如,认为通宵上网、玩网络游戏是当代时尚青年的必修课,不玩网络游戏就没有与同学交流的谈资。

4. 强烈的自我实现欲望。技校生可以在网络游戏中获得在现实生活中不易取得的成就感、力量感和自尊感,以及匿名带来的多种身份感,可以在网络中展示在现实生活中难以表现的一面。

5. 技校生还未学会正确地面对现实中的困难和挫折。不少技校生沉迷于网络往往是因为现实生活中遇到了问题或挫折,但又缺乏应对困境的方法以及相应的勇气和信心,从而借助上网摆脱烦恼。

四、网络成瘾的危害

中国是网络大国,网民人数以每年20%的数量递增,而且以青少年为主体。据公安部门统计,青少年犯罪中80%以上的人都是网络成瘾患者。网络成瘾的技校生对学校、家庭、自身及社会带来的危害及影响已越来越大。

网络的吸引力

1. 损伤智力。有专家研究表明,绝大部分网络游戏对于青少年的智力发育是极其不利的。沉迷于网络游戏半年以上，智商会有明显的下降，若是沉迷网络游戏3年，智商将下降10%，也就是说智力水平90的正常孩子玩网络游戏3年后，将可能变成弱智。

2. 损害身体。网瘾会造成视力下降、生物钟紊乱、神经衰弱等生理现象。由于不能维持正常的睡眠周期，停止上网时则会出现失眠、头痛、消化不良、恶心厌食、体重下降、植物神经功能紊乱等症状。此外还会诱发心血管疾病、胃肠神经官能症、紧张性偏头痛等病症。

3. 荒废学业。一些技校生终日沉迷网络聊天、网络游戏，不但耽误学业，考试挂红灯、留级，甚至有人还会被迫退学。

4. 影响品行。网瘾诱发逃学、说谎等不良品性，产生不屑与人交往，待人接物暴躁，甚至辱骂、攻击他人等恶劣行为。

5. 扭曲性格。网瘾导致技校生情绪障碍，注意力不集中，记忆力减退，对其他活动缺乏兴趣，为人冷漠，情绪低落，弱化了人与人沟通相处的反应能力和面对现实生活的应对能力。

6. 危害心理。网络世界的虚拟性使技校生产生"特别自由"的感觉和"为所欲为"的冲动；长时间上网还使他们沉溺其中不能自拔，产生对网络过分依赖的心理，最终成为"电子海洛因"的"心理吸食者"。

7. 伤害家庭。很多上网成瘾的孩子与父母的沟通较差，情绪不稳定，没有自控力，说话不诚信。家长为此伤透脑筋，但又无计可施，于是隔阂加深，双方心力交瘁，原本温馨的家庭变得岌岌可危。

8. 违法犯罪。上网成瘾者常常为了上网玩游戏、聊天而偷钱或盗用别人账号，甚至利用网络进行敲诈、赌博、色情、黑客等活动，最终坠入违法犯罪的深渊。

五、哪类学生易染上"网瘾"？

1. 学习失败的学生。由于家长、老师对孩子的期望过于单一，学习成绩好成为学生成就感的唯一来源，一旦学习失败，学生就会产生很强的挫败感。而在网上他们却很容易体验成功，闯过任何"一关"，都可以得到"回报"，这种成就感是他们在现实生活中很难体验到的。

2. 人际关系不好的学生。他们希望通过上网逃避现实。许多学生虽然成绩不错，可是性格内向、猜忌心强，碰到问题没能得到及时解决，就沉迷于网络,学习和生活受到严重影响。

3. 家庭关系不和谐的学生。随着离婚率、犯罪率升高等社会问题的增多。社会上的“问题家庭”也在增多。这些孩子通常在家里得不到温暖;但是在网络上,他们提出的任何小小的请求都会得到不少人的帮助。现实生活和虚拟世界在人文关怀方面的反差,很容易让“问题家庭”的孩子“躲”进网络世界。

4. 自制力弱的学生。不少上网成瘾者都有这个问题,自己也知道这样不好,不想这样下去,但是一接触电脑就情不自禁。这是典型的自我控制力不强。

戒网瘾之歌——《网梦醒来》

当我有一天走进了虚拟的世界,我就再也找不到自己的方向。当别人给我带来关爱的时候,我却把他当作了一世的仇人。在魔幻的虚拟世界里,封闭了真实的自我,我没有了生命的色彩。

当你正沉溺在虚拟的世界里,你是否想过为了你,泪流满面的双亲。当你把别人的关爱拒之门外,你是否想过为了你,亲人在伤心。在网游的茫茫雾海中,迷失了前进的方向,你没有了生命的航标。

网络成瘾的自我预防

1. 认清网瘾的危害。要多关注自己的家庭,了解父母的工作、生活状况,体会父母、老师对自己的期望,认清沉迷于网络游戏、网络聊天等对自己健康成长的不良影响。

2. 有坚强的意志。克服网瘾的关键,是要时时提醒自己决不能再进入网吧。路经网吧时,要对自己说:那个地方进去容易出来难。当受同学邀请去上网时,要坚决说“不”,否则就会前功尽弃。

3. 定下目标,写好决心书,贴在经常可以看得到的地方,时刻提醒自己。

4. 每次网瘾来了，就拿张纸写下想上网的理由以及上网会做些什么，你可以反复问自己：我为什么会沉迷在一个虚幻的世界里？我什么也没得到，反而失去了很多宝贵的东西，值得吗？这样就能发现自己上网的理由很不充分，甚至没有必要。长此以往，就会改变对网络的心理依赖。

5. 多参加运动，转移注意力。网瘾来时，就去踢足球或打篮球，这样不仅可以淡化网瘾，还能强身健体，而且一定要持之以恒，不要半途而废，要相信自己一定可以做到。

6. 通过心理医生或学校老师的引导，了解痴迷网络的负面影响，改变成瘾者的认知，促进不良行为的矫正。

7. 合理安排自己的活动，把每天上网时间限制在两个小时以内。即使上网也是利用网络来开拓视野、增长知识和扩大交往面，而不是将自己与现实世界隔离，发泄情绪。同时要学会自我调节，舍得放弃网络上那些虚拟的东西。

8. 用厌恶的方法，使自己一想到上网就有头痛、头昏、疲劳的感觉，重复使用厌恶暗示，建立上网和不良体验的条件反射，从而使自己厌恶上网。

9. 通过年龄倒退的方法回忆，使自己回到行为表现较好的阶段，充分体验和感受曾经努力奋斗取得成功的乐趣。

10. 模仿班上优秀同学的行为表现，建立起良好的自我实现的目标，并订立具体的实施计划，认真学习，建立起赶上并超过某位优秀同学的信心。个别情况需要在专科医生的指导下适当使用抗焦虑、抗抑郁药物。

趣味测试
QUWEICESHI

今天，我IAD吗？

根据美国匹兹堡大学制定的诊断标准，在8项检测标准中，符合其中5项或更多，就初步符合诊断；如果再加上每周上网时间超过40小时，就更加符合诊断。这8项检测标准如下：

1. 全神贯注于网络或线上活动并且在下线后仍继续想着上网的情形。
2. 觉得需要花更多的时间在线上才能获得满足。
3. 多次努力想控制或停止使用网络，但总是失败。

4. 当企图减少或停止使用网络时，会觉得沮丧、心情低落、易发脾气。
5. 花费在网络上的时间总比预期的要长。
6. 为了上网，宁愿冒着重要的人际关系、工作或教育机会损失的危险。
7. 会向家人、朋友或他人说谎，以隐瞒自己涉入网络的程度。
8. 上网是为了逃避问题或释放一些感觉，诸如无助、罪恶或焦虑、沮丧。

我思我悟
WOSIWOWU

对照网瘾的定义、特点及表现特征，我们应该如何预防网瘾？该怎样对待网络这把双刃剑？

温馨小结
WENXINXIAOJIE

今天我学会了：
1. 网瘾的含义及特点；
2. 网瘾的种类和表现；
3. 如何自我预防网瘾。

求职篇

Part 5

经营你的人生

孟子曾经说过:“鱼,我所欲也;熊掌,亦我所欲也,二者不可得兼。”因此当我们选择职业时,就像拿起一把钥匙去开启新的一扇门。除去为人类幸福而劳动的标准外,我们还应该怎样去面对各种各样的就业压力,去更好地适应社会,这正是我们新世纪的技校生所应具备的就业观与择业观,也是我们这些即将走上工作岗位的国家未来建设者最值得考虑的问题。

第十三章　路在自己的脚下

——职业观的确立

路要一步步走，饭要一口口吃，工作也是这样，要一点一滴做起来。大多数人开始都从事一份不被人看好却要付出巨大努力的职业，做着辛苦的工作，拿着微薄的薪水。这种景况别人可以看不起我们，我们却不可以看不起自己。我们正是要凭借着这个不起眼的开始，一步步走向成功。

“几斤几两”

小张在某企业洗衣房上班，他很不满意自己的工作，曾经愤愤不平地对朋友说：“我的经理一点也不把我放在眼里，改天我要对他拍桌子，大不了辞职不干。”“你把洗衣业务弄清楚了吗？操作流程你懂吗？去污渍的窍门掌握了吗？”他的朋友反问道。小张说：“还没有。”朋友提出了建议：“君子报仇，十年不晚。你不如在洗衣房免费学习，等学会了之后，再一走了之，不是既有收获，又出了气吗？”

小张认为有道理，便默记偷学，不断钻研业务，每天上班比别人早，下班比别人迟。一年之后，朋友问他：“现在你可以准备拍桌子不干了吧？”“现在经理已对我刮目相看，并不断委以重任。我现在已经是洗衣房里的红人了！经理还准备提拔我呢！”“这事我早就料到了！”朋友笑着说，“当初经理不重视你，是因为你的能力不足，又不肯努力学习。后来你痛下苦功，能力不断提高，经理当然会对你刮目相看了。”

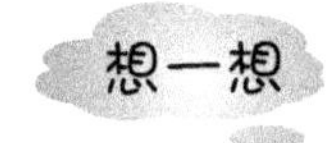

通过以上案例的学习，你能找到小张被委以重任的原因吗？

认识职业观

一、职业观的含义

职业观是关于职业目标、职业道德、职业评价、职业选择、职业发展等方面比较稳定的基本看法和观点，是世界观、人生观、价值观在职业问题上的具体体现。

二、技校生职业观的特点

1. 专业选择存在盲目性。技校生的专业选择视野往往非常狭窄，不能全面审视自己的职业潜能，导致专业选择过程的盲目性，从而导致个人的优势不能充分发挥，专业方向选择中也出现了能力短缺和兴趣不足的情况。这些情况将直接影响技校生学习的积极性与主动性，并将最终影响技校生职业目标的确定。

2. 专业学习存在盲目性。技校生在专业学习过程中，不能有效地进行专业知识的学习，学习方案缺乏计划性，不能及时有效地了解和掌握与自己职业相关的知识。另外，由于缺少良好的职业规划，大部分技校生不能主动地、有选择性地学习将来对自己有用的知识，得过且过，浪费时间，而这种浪费所造成的损失是无法弥补的。

3. 目标设定方面存在盲目性。目标明确、方向正确是成功的基础。技校生对自己的思维习惯、性格特征、知识储备及未来再学习的时间及可能性等缺乏清醒认识，因而在确定自己的职业方向、目标方面存在盲目性，往往把激情当成了实情，过高地估计自己的实力，过高地设计目标，一旦目标达不到，挫折感会使其不自信，影响更长远目标的实现。

三、技校生就业难的原因

1. 各类职业学校毕业生激增。近年来,国家大力发展职业教育,许多职业学校抓住机遇,挖掘内部潜力,增加招生名额,导致毕业生人数急增,就业竞争激烈,就业难度加大。同时,各高校的大规模扩招对学历层次较低的技校生的就业也构成巨大的压力。

人才招聘

2. 用人单位对求职者的技能要求不断提高。由于科学技术的迅猛发展,产品更新换代周期缩短,新产品开发速度加快,加之产品结构的调整,用人单位对技校生的要求越来越高。技校生不仅要精通某一工种,而且要掌握相近工种的知识和技能,具备多工种的适应能力。

3. 就业观念落后。一些技校生及其家长还不能完全适应已经变化了的就业形势,认为只有到国有企业、大型企业、行政事业单位工作才是就业,对于市场经济条件下的劳动就业缺乏必要的了解,其择业行为常常从主观愿望出发,带有很大的盲目性。

4. 技校生缺乏吃苦耐劳的精神,就业期望值偏高。

一些毕业生工作不久,就纷纷"打道回府",理由是工厂的吃住条件、工作条件太差,吃不了这种苦。多数毕业生希望去国有大、中型企业工作,而主动要求去乡镇企业、个体私营企业的较少。部分家长对子女在择业方面采取放任的态度,助长了部分毕业生的不当择业心态。

5. 技工院校盲目追求"热门"职业或专业。

受市场利益的驱动,技工院校未考虑社会需求和毕业生就业状况,一味招收"热门"专业或投入较少的文科类专业的学生,如文秘、财会等,造成此类专业毕业生人满为患的局面。

俗语说"三百六十行,行行出状元"。当今社会是一个尊重劳动、尊重技能的社会。技校生应树立正确的价值观、职业观,脚踏实地,做一个对社会有用的人。

“一滴焊接剂”的智慧改变了洛克菲勒的人生

一个青年在美国某石油公司工作，他学历不高，也没有什么特别的技术，他的工作连小孩子都能胜任，就是巡视并确认石油罐盖有没有自动焊接好。石油罐在输送带上移动至旋转台上，焊接剂便自动滴下，沿着盖子回转一圈，作业就算结束。他每天如此重复好几百次，通过长期观察他发现，罐子旋转一次，焊接剂滴落39滴，焊接工作结束。他大胆假设：将焊接剂减少一两滴，是否能够节省成本？经过一番研究，他终于研制出“38滴型焊接机”。虽然节省的只是一滴焊接剂，却给公司带来了每年5亿美元的利润。这个青年，就是后来掌握全美制油业95%实权的石油大王——约翰·洛克菲勒。

树立正确的职业观

一、技校生要努力提高自身素质，增强就业竞争力

在择业过程中，素质高、能力强的技校生最有可能被录用。技校生应该努力提高自己的知识和能力水平，以满足用人单位和社会越来越高的要求。

二、技校生要调整心态，树立正确的就业观念

学校要加强对技校生的职业观教育，使其树立正确的世界观、人生观和价值观，对就业形势有一个准确的判断，对自己有一个合理的定位；技校生要树立创业观念及竞争就业、灵活就业、先就业后择业等新的择业观和就业观，把个人理想与社会需要紧密结合起来，把找工作和干事业结合起来，走好迈向社会的第一步。

三、选择单位和具体工作时要量力而行，切忌好高骛远

就业是一种双向选择行为，既是同学们对单位的各项条件（如单位性质、工作环境、工资待遇、福利条件、劳动强度）的选择，也是单位对同学们所具备的条件（如专业技能水平，实践操作能力，道德品行，待人接物的态度，思想、觉悟水平，人际关系协调能力等）的选择。只有双方的条件都能被对方接受时，就业才能实现。所以，我们在选择单位和具体工作时，要实事求是地从自身条件出发，选择适合自己的单位，不可不顾自身条件，一味要求工作轻松、工资高、待遇好的单位。因此，在学校里，同学们必须刻苦学习和锻炼，不断提升自己的综合素质；到推荐就业时，要客观地评价自己，选择适合的工作或岗位。

跳槽

四、树立“先生存再发展，先就业后择业”的观念，切不可一步登天

人生就像走路一样，要从第一步开始，不断地积累，才能达到目标。单位对招聘的员工也一样，总是让其从最基本的工作做起，在工作中考察其品行、能力、素质，根据其表现和工作需要，逐步安排晋升并提高工资待遇、福利等。这个过程，既是单位对其了解的过程，又是其展现自我的过程。有的同学不了解这个过程，刚工作就想着拿高工资，又极不乐意在实际工作中吃苦，这是不现实的。试问哪一个单位会这么冒失地把高工资的岗位交给一个并不十分了解的，还没有表现出实际能力，也没有对公司做出突出贡献的新员工呢？就业时如果执着于这样的单方面的追求，不肯从基础、基层做起，对顺利就业是十分不利的。

五、专业对口是相对的，不是绝对的，切不可过分强调专业对口

同学们想找一个专业对口的工作去发挥才能，这是可以理解的。学校在推荐安排就业时，也尽量做到专业对口。但是实际需要与我们的专业所学往往难以做到完全吻合。毕竟我们还要服从单位的实际需要。所以，我们在就业时，只能要求大的方向上的专业对口。努力用我们在学校中培养起来的素质去适应不同的工作需要，并且做出成绩。

趣味测试
QUWEICESHI

技校生职业观测试问卷

题号	题目	分数				
1	你的工作必须经常解决新的问题	1	2	3	4	5
2	你的工作能为社会福利带来看得见的效果	1	2	3	4	5
3	你的工作奖金很高	1	2	3	4	5
4	你的工作内容经常变换	1	2	3	4	5
5	你能在你的工作范围内自由发挥	1	2	3	4	5
6	你的工作能使你的同学、朋友非常羡慕你	1	2	3	4	5
7	你的工作带有艺术性	1	2	3	4	5
8	你的工作使你能感觉到你是团队中的一分子	1	2	3	4	5
9	不论你怎么干,你总能和大多数人一样晋级和加工资	1	2	3	4	5
10	你的工作使你有可能经常变换工作地点、工作场所或工作方式	1	2	3	4	5
11	在工作中你能接触到各种不同的人	1	2	3	4	5
12	你的工作上下班时间比较随便,自由	1	2	3	4	5
13	你的工作使你有不断取得成功的感觉	1	2	3	4	5
14	你的工作赋予你高于别人的权利	1	2	3	4	5
15	在工作中,你能实行一些你的新想法	1	2	3	4	5
16	在工作中,你不会因为身体或能力等因素被别人瞧不起	1	2	3	4	5
17	你能从工作的成果中觉得自己做得不错	1	2	3	4	5
18	你的工作经常要出差或参加各种集会、活动	1	2	3	4	5
19	只要你干上这份工作,就不会再调到其他意想不到的组织或岗位上去	1	2	3	4	5
20	你的工作能使世界更美丽	1	2	3	4	5
21	在你的工作中,不会有人常来打扰你	1	2	3	4	5
22	只要努力,你的工资会高于其他同年龄的人,或升级、加工资的可能性比其他工作大得多	1	2	3	4	5
23	你的工作是对智力的挑战	1	2	3	4	5

续表

题号	题目	分数				
24	你的工作要求你把一切事情安排得井井有条	1	2	3	4	5
25	你的工作组织有舒适的休息室、更衣室、浴室及其他设备	1	2	3	4	5
26	你的工作有可能结识各行各业的知名人物	1	2	3	4	5
27	在你的工作中，能和同事建立良好的关系	1	2	3	4	5
28	在别人的眼中，你的工作是很重要的	1	2	3	4	5
29	在工作中，你经常接触到新鲜事物	1	2	3	4	5
30	你的工作使你常常能帮助别人	1	2	3	4	5
31	你在工作组织中，有可能经常变换工作内容	1	2	3	4	5
32	你的作风使你被别人尊重	1	2	3	4	5
33	你的工作组织的同事和领导人品较好，相处比较随便	1	2	3	4	5
34	你的工作机会使许多人认识你，相处比较随意	1	2	3	4	5
35	你的工作场所很好，比如有适度的灯光，舒适的座椅，安静、清洁的环境，宽敞的工作间，甚至恒温、恒湿等优越的条件	1	2	3	4	5
36	在工作中，你为他人服务，使他人感到满意，你自己也就高兴	1	2	3	4	5
37	你的工作需要计划和组织安排别人的工作	1	2	3	4	5
38	你的工作需要敏锐的思考	1	2	3	4	5
39	你的工作可以使你获得较多的额外收入，比如常发实物，常购打折扣的食品，常发紧俏的商品购物券，有机会购买进口货等	1	2	3	4	5
40	在工作中，你是不受别人差遣的	1	2	3	4	5
41	你的工作结果应该是一种艺术品而不是一般的产品	1	2	3	4	5
42	在工作中，你不必担心会因为所做的事情领导不满意而受到训斥或经济惩罚	1	2	3	4	5
43	在工作中，你能和领导有融洽的关系	1	2	3	4	5
44	你可以看见你努力工作的成果	1	2	3	4	5
45	在工作中常常要你提出许多新的想法	1	2	3	4	5
46	由于你的工作，经常有许多人来感谢你	1	2	3	4	5
47	你的工作成果常常能得到上级、同事或社会的肯定	1	2	3	4	5

续表

题号	题目	分数				
48	在工作中,你会成为负责人,虽然可能只领导很少几个人,你信奉“宁做兵头,不做将尾”的俗语	1	2	3	4	5
49	你从事的那一种工作,经常在报刊、电视中被提到,因而在人们心中很有地位	1	2	3	4	5
50	你的工作有数量可观的夜班费、加班费、保健费或营养费等	1	2	3	4	5
51	你的工作体力上比较轻松,精神上也不紧张	1	2	3	4	5
52	你的工作需要和电影、电视、戏剧、音乐、美术、文学等艺术打交道	1	2	3	4	5

【测试结果解析】

将相应题号的分数汇总并填入“汇总得分”:

1. 利他主义。说明:工作目的和价值,在于直接为大众的幸福和利益尽一份力;题号:2,30,36,46,汇总得分:________。

2. 美感。说明:工作目的和价值,在于能不断地追求美的东西,得到美的享受;题号:7,20,41,52,汇总得分:________。

3. 智力刺激。说明:工作目的和价值,在于不断进行智力的操作,动脑思考,学习以及探索新事物,解决新问题;题号:1,23,38,45,汇总得分:________。

4. 成就感。说明:工作目的和价值,在于不断创新,不断取得成就,不断得到领导与同事的赞扬或不断实现自己想要做的事;题号:13,17,44,47,汇总得分:________。

5. 独立性。说明:工作的目的和价值,在于能充分发挥自己的独立性和主动性,按自己的方式、步调或想法去做,不受他人的干扰;题号:5,15,21,40,汇总得分:________。

6. 社会地位。说明:工作的目的和价值,在于所从事的工作在人们心中有较高的社会地位,从而使自己得到他人的重视与尊重;题号:6,28,32,49,汇总得分:________。

7. 管理权。说明:工作的目的和价值,在于获得对他人或某事物的管理支配权,能指挥或调遣一定范围内的人或事;题号:14,24,37,48,汇总得分:________。

8. 经济报酬。说明:工作的目的和价值,在于获得优厚的报酬,使自己有足够的财力去获得自己想要的东西,使生活过得较为富足;题号:3,22,39,50,汇总得分:________。

9. 社会交际。说明:工作的目的和价值,在于能和各种人交往,建立比较广泛的社会联系和关系,甚至能和知名人物结识;题号:11,18,26,34,汇总得分:________。

10. 安全感。说明:不管自己能力怎样,希望在工作中有一个安稳的局面,不会因为奖金、加工资、调动工作或领导训斥等经常提心吊胆,心烦意乱;题号:9,16,19,42,汇总得分:________。

11. 舒适。说明:希望能将工作作为一种消遣、休息或享受的形式,追求比较舒适、轻松、自由、优越的工作条件和环境;题号:12,25,35,51,汇总得分:________。

12. 人际关系。说明:希望一起工作的大多数同事和领导人品较好,相处在一起感到愉快、自然,认为这就是很有价值的事,是一种极大的满足;题号:8,27,33,43,汇总得分:________。

13. 变异性。说明:希望工作的内容经常变换,使工作和生活显得丰富多彩,不单调枯燥;题号:4,10,29,31,汇总得分:________。

你得分最高的三项价值观是______ ______ ______,得分最低的三项价值观是______ ______ ______。

我思我悟
WOSIWOWU

对照职业观的含义、分类以及技校生的职业观的特点,你能确定你的最佳职业吗?我们应该如何对待自己的职业生涯规划?

____

____

____

____

____

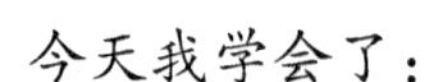

温馨小结
WENXINXIAOJIE

今天我学会了：

1. 职业观的含义及技校生职业观的特点；
2. 技校生就业难的原因；
3. 如何树立正确的职业观。

第十四章　作出人生的抉择

——择业观的形成

每一个人都想追求成功，每一个对现状不满意的人都很想去改变现状。这当中唯有通过“智慧的抉择与毅力的坚持”这一途径才能获得实现，也就是在机会来临时要靠智慧去作最佳的选择。选择对的行业、对的公司、对的工作环境。然后既已做了选择，就不要再三心二意，而是要靠努力及毅力坚持下去。

我没想到会被迫成为一个“面霸”

黄某是某技校工商管理专业的学生，与大多数同学一样，他在学校的最后一个学期开始参加学校组织的各种面试。他告诉记者，自己从求职到现在，面试了二十多家企业，其中不乏拿到录用通知甚至试用上班两个星期的，但是他认为都不是自己所喜欢的，毅然放弃。“我觉得找工作就像试穿鞋子，是否适合自己最清楚。”

黄某投出去了三四十份简历。他说：“我没有想到自己会被迫成为一个‘面霸’，慢慢就把找工作当成一份工作去做了。”当中自己也经历过不少挫折，记忆最深的一次面试经历，是一家公司的几轮面试官面试了足足4个小时。那是他自己认为比较匹配的职位，工作也具有挑战性，对方当场决定录用他并让他回去等邮件通知。“但是最后没有等到，打电话追问，对方说审批没有通过。这次经历对我的打击比较大。”黄某说。

求职

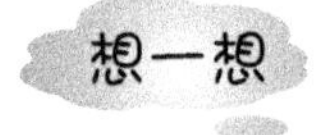

通过案例学习，你有何感想？你能找到黄某找不到工作的原因吗？

认识择业观

一、择业观的含义

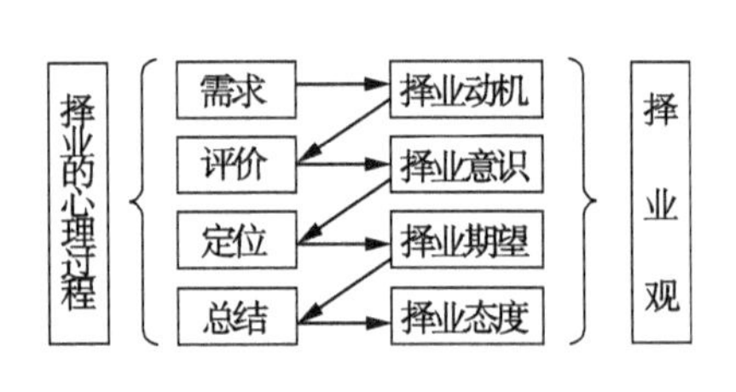

择业观形成心理过程

择业是择业者根据自己的职业理想和能力，从社会上各种职业中选择其中的一种作为自己从事的职业的过程。在职业选择过程中，择业者不仅要考虑到个人的需要、兴趣、能力等因素，还要考虑社会发展的需要。

择业观是择业主体对选择某种社会职业的认识、评价、态度、方法和心理倾向等，它既是择业者职业理想的直接体现，也是择业者世界观、人生观、价值观的最直接表达。

二、技校生择业观的特点

1. 择业思想日趋成熟

技校生在现实社会的影响下，其服务社会、适应社会、赢得社会的成才观念逐渐清晰，适应现实社会的奋斗目标更加明确，择业观念从“务虚”逐渐过渡到“务实”。随着我国社会主义市场经济的不断完善和毕业生就业制度的改革变化，计划经济体制下靠政府、靠父母、靠学校解决就业问题的观念已逐步让位于自主自强、竞争择业、优胜劣汰、自由流动的人才价值原则，“供需见面、双向选择”的择业模式得到了技校生普遍认同。

2. 择业标准更加务实

当今技校生在择业时更加务实，主要表现为择业动机突出自我发展，择业取向注重经济利益。首先是突出个人才能的发挥，其次是经济利益的实现，在个人和社会两个价值之间寻找最佳结合点成为技校生择业时考虑的首要因素。因此毕业生在择业时并不一味追求物质利益，而是更加注重个人才能的发挥与特长的施展，追求自我价值的实现以及长远的人生发展目标，这反映出技校生的择业观逐渐趋向成熟，能用长远的眼光看待自己的工作选择。

3. 择业期望矛盾重重

当今的技校生择业期望呈现出多种矛盾：在就业机制上，既愿意“双向选择、自主择业”，又希望政府能保证就业。在择业意识上，既想主动竞争谋取理想职业，又感觉自己优势不足，缺乏信心；还有的技校生既想积极竞争，又认为社会还未形成平等的竞争机制和环境，担心不能公平竞争。在择业期望上，既想寻求理想岗位，又不得不面对竞争激烈、多数人难以“一步到位”的现实；有些人意识到基层和艰苦行业需要人才，最能锻炼自己，但又怕条件差、吃苦受累还埋没了自己。在专业与职业的关系上，既想发挥专业特长，又有为现实状况所限、随时放弃专业改行的准备。在择业环境中，既反对拉关系、走后门等不正之风，自己又积极找关系、托人情，希望通过关系能找到好一些的用人单位。

三、技校生择业的基本要求

1. 服从社会需要

技校生在选择职业时，应当坚持把社会需要始终作为出发点和归宿的原则，以社会对个人的要求为准绳，去认识和解决择业问题，进而决定自己的职业。尤其是在择业时，当个人利益与国家利益、集体利益发生矛盾时，应自觉地服从社会需要，到祖国最需要的地方去建功立业。

2. 发挥个体优势

应该承认，每个人在素质上是有差别的，正可谓“骏马能历险，犁田不如牛；坚车能载重，渡河不如舟”。因此技校生选择职业时，要真正做到扬长避短，充分认识和发挥自己的素质优势，以自己的特长或某一优势来考虑职业选择，为今后顺利、出色地完成本职工作奠定基础。这也充分体现了人尽其才、才尽其用的原则，体现了自己对人生、对事业负责的态度以及对社会高度负责的精神。

3. 有利于成才

成才是每个技校生内在的渴望。但面对各种择业因素，如何把握成才的原则呢？事实上，在目前的社会条件下，很少有单位是十全十美的，作为新时代的技校生，应从是否有利于自己才智的发挥、是否有符合社会的需要出发，分清主次，作出抉择，切不可因一味求全、急功近利、好高骛远而错失良机。

4. 争取及时就业

面对严峻的就业形势，处于求职期的技校生，必须把握力争及时就业的原则。一是要调整好择业心态，合理确立就业期望值，注意克服脱离现实、攀比、盲目选择等心理情绪的干扰，避免由于自身择业观念而导致"有岗上不了、有职任不了、有业就不了"的人为行业情况；二是要正确认识就业的动态性，改变"一步到位"、"从一而终"的择业观，避免盲目地东挑西选，或过于精挑细选而错失及时就业的机会；三是要采取勇于竞争、不怕挫折的态度，积极主动地探寻就业机会，避免在消极等待中延误择业时间。

5. 面向未来

技校生在初次选择职业时，要立足现实、瞄准长远，用发展的眼光找准自己的用武之地，牢牢把握职业选择的主动权。无论你选择干什么，只要你选择的是正确的人生方向，都有机会走向成功。现实中，有越来越多的技校生选择从看似不起眼的工作起步，脚踏实地奋斗，正在为实现自己的人生价值奠定坚实的基础。

就算一生洗厕所也要做一名洗厕所最出色的人

在日本，有一个18岁的姑娘，毕业后出来找工作，第一份工作室在东京帝国酒店当服务员，上司安排她的工作竟然是洗厕所，而且要求特别高，必须把马桶擦洗的光洁如新。她从小就是父母手上的掌上明珠，一直过着衣来伸手饭来张口的日子，所以她哭了，无法接受自己的这份工作。正当她准备打退堂鼓的时候，她的一位前辈来到她的身边，以自己的行动对她进行教育，才彻底坚定了她的信心，这位前辈一遍一遍地擦洗着马桶，直到擦得光洁如新，然后他从马桶中盛了一杯水，一饮而尽！这个行动胜过千言万语，使她如梦初醒，她懂得了真正意义上的工作的价值，她痛下决心："就算一生洗厕所也要做一名洗厕所最出色的人"，从那一刻起，她变成了一个全新的、振奋的人，她的工作质量也达到了那位前辈的高水平，当然她也喝过多次厕水。这个姑娘就是日本政府邮政大臣野田圣子！

树立科学择业观

选择既专业对口，又有自己满意的薪水，而且是自己有兴趣的工作，在当前的就业形势下，不能说是天方夜谭，但能实现这个愿望的，相信寥寥无几。择业是大多数技校生踏入社会的第一步。怎样走好第一步，选择一份既切合自身实际，又称心如意的职业，具有十分重要的意义。

一、以理性心态对待就业形势，不怨天尤人

有人群的地方，必然有竞争，有竞争才有发展，重要的是我们学会如何看待社会，看待别人，同时如何对待自己。只要不过分强调自我，调整好就业心态，就必定能在社会上找到适合的定位。即使开始定位不准，找到的并不是最理想的单位，然而只要你能认识到首份工作只是人生事业的开端，是今后发展的起点，你就必然不会过分计较，不会后悔。

二、用现实眼光选择单位

找到地理位置、生活环境、福利待遇、发展前景都理想的单位当然好，但这种单位毕竟凤毛麟角，对大多数毕业生来说是可望而不可即的，今天选定的单位也许明天又感到不满意。某些条件相对艰苦的基层单位，有可能更容易发挥出个人的能力，更有利于长远发展，成功成才。有些同学互相攀比，总怕自己的选择吃了亏，这山还望那山高，结果可能更吃亏。相反，在强手如林的单位不一定有很多的锻炼机会。对于这样的选择，有同学宁做凤尾不当鸡头，实际上凤尾虽漂亮，但只不过是装饰的部分而已，而鸡头虽不扬名，然而它确确实实能带动自身成长壮大，成为一唱天下白的雄鸡。只要根据自己的实际与特点找准位置，树立先就业后择业的思想，先立业后必成事，而且很可能成大业。

三、树立自主、自立、自强思想

相当一部分毕业生对如何择业信心不足，甚至有依赖思想。对毕业生来说，充分征求父母意见是应该的，父母对子女有较高的期望也是正常的。但应该看到，有些父母对子女的求职愿望过分理想化，不切实际，干涉甚至控制子女的选择，造成毕业生择业思想模糊、挑三拣四、举棋不定，一些同学因此丧失了许多良好机会，最终选择余地越来越小；这种做法也扼杀了一些毕业生的自主性，难怪有些同学懊悔地说："进技校选专业完全听父母的已错了一次，毕业择业又服从父母意愿，真是错上加错。"对已成年的技校生而言，应在征求亲属意见的基础上，保留自己自主选择职业的权利。

四、增强竞争意识，正确地设定择业期望值和把握机遇

首先，要认识到培养竞争能力是自身发展和社会发展的需要；其次，竞争是实力的展示，培养竞争能力的重要前提是提高自身的综合实力，而不是一种争强好胜的抽象意识。面对当前形势，技校生应当不断地提高自身价值、个人的综合素质和道德文化水平。技校生应增强竞争意识，鼓励创业，运用身边的条件，寻求合适的工作岗位及发展空间，找到理想的位置。

总之，每一个技校生都应当认清就业形势，了解就业政策，正确认识自己，把握择业良机，根据个人专长和社会的实际需要，确立一个切实可行的就业目标。

案例

刘鹏飞，这位被称为拥有"义乌最牛大学生创业史"的"80后"大学生，来自江西宁都，2007年毕业于九江学院商学院。刚毕业时，他和其他人一样，骑着破自行车四处奔波，为找不到工作而苦恼。他曾经身上仅带着5元钱到异地打工，四处闯荡，也尝过每天几个人共吃一盒菜、两盒饭温饱难求的滋味。

两年前的一个晚上，刘鹏飞和几个朋友相约到义乌梅湖公园游玩，无意间抬头看见东南方向天空中飘着几个神秘的不明飞行物，很像传说中的UFO。大家十分激动，一打听才知道，那是游人放飞的孔明灯。

自主创业

带着好奇，刘鹏飞自己也买了一个。随着这盏孔明灯徐徐升空，刘鹏飞开始与孔明灯结缘。刘鹏飞坚信孔明灯是一个好项目：市场竞争少，有丰富的文化内涵，中国人喜欢，外国人更喜欢，市场潜力巨大，而且见效快，只需要有一个中英文的网站，挂上几张孔明灯的照片，就能开张营业了。从小商品市场摸清行情回来后的第二天，刘鹏飞就开始认认真真地设计起他的孔明灯网站。朋友们却把这看成笑话，只有女朋友黄军云坚定地支持他，两人从义乌小商品市场花几百元钱买了100多个孔明灯回家。果不出所料，第一个月刘鹏飞就赚了几千元。刘鹏飞说：“当时觉得很兴奋，因为刚步入社会，从零开始，什么人都不认识，走哪条‘路’都分不清，能自己创业赚到三四千元，比挣工资强多了。”

趣味测试
QUWEICESHI

测测你的择业倾向

测试目的：了解你对哪种职业的工作有极大的倾向值或有潜力，以便帮助你选择和确定最佳职业。

测试方法：以下前10题为A组，后10题为B组。每组各题你认为“是”的打1分，“不是”的打0分，然后，比较两组答案分值。

1. 你正在看一本有关谋杀案的小说时，你是否常常能在作者未交代结果之前知道作品中哪个人物是罪犯？（　　）

2. 你是否很少写错别字？（　　）

3. 你是否宁可参加音乐会而不愿待在家里闲聊？（　　）

4. 墙上的画挂歪了，你是否想去扶正？（　　）

5. 你是否常论及自己看过或听过的事物?( )

6. 你宁可读一些散文和小品文而不愿看小说?( )

7. 你是否愿少做几件事一定要做好,而不想多做几件事而马马虎虎?( )

8. 你是否喜欢打牌或下棋?( )

9. 你是否对自己的消费预算均有控制?( )

10. 你是否喜欢学习能使钟、开关、马达发生效用的原因?( )

11. 你是否很想改变一下日常生活中的一些惯例,使自己有一些充裕时间?( )

12. 闲暇时,你是否较喜欢参加一些运动,而不愿意看书?( )

13. 你是否认为数学不难?( )

14. 你是否喜欢与比你年轻的人在一起?( )

15. 你能列出5个你自己认为够朋友的人吗?( )

16. 对于你能办到的事情别人求你时,你是乐于助人还是怕麻烦?( )

17. 你是否不喜欢太细碎的工作?( )

18. 你看书是否很快?( )

19. 你是否相信“小心谨慎,稳扎稳打”是至理名言?( )

20. 你是否喜欢新朋友、新地方和新东西?( )

【测试结果解析】

通过这个测试,你能确定你的最佳职业吗?

◎ 若A组分值比B组高,则表明你是个精深的人。适合从事具有耐心、谨慎和研究等琐细的工作,诸如医生、律师、科学家、机械师、修理人员、编辑、哲学家、工程师等。

◎ 若B组分值高于A组,则表明你是广博的人,最大的长处在于成功地与人交往,你喜欢有人来实现你的想法。适合做人事、顾问、运动教练、服务员、演员、广告宣传员、推销员等工作。

◎ 若A、B两组分值大体相等,就表明你不但能处理琐碎细事,也能维持良好的人缘关系。适合的工作包括护士、教师、秘书、商人、美容师、艺术家、图书管理员、政治家等。

有学生说：不急不急，今年没有理想单位，或许明年能找到！你怎么看待这种现象？

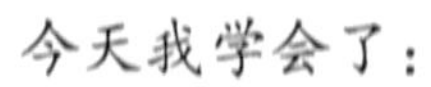

今天我学会了：

1. 择业观的含义；
2. 技校生就业常见的择业心理误区；
3. 树立科学的择业观。

主要参考书目

1. 公隋. 哈佛学子心灵修养课. 朝华出版社,2011.
2. 文成蹊. 积极心理学. 中国纺织出版社,2012.
3. 千太阳(译). 一本书读懂心理学. 中华工商联合出版社,2012.
4. 卢家楣. 青少年心理与辅导. 上海教育出版社,2011.
5. 李世强. 与心灵对话. 中国长安出版社,2011.
6. 安然. 我的第一本心理自救书. 中国纺织出版社,2011.
7. 郭建明. 我最想要的心灵励志书. 地震出版社,2011.
8. 雷洪勤. 好玩的心理学. 电子工业出版社,2012.
9. 圆月. 心灵的奇迹. 江苏人民出版社,2012.
10. 仲稳山. 心理健康维护指南. 苏州大学出版社,2010.
11. 陆家浩,司鸿. 心理健康读本. 苏州大学出版社,2007.
12. 李云龙. 职校生心理健康教育. 清华大学出版社,2011.
13. 千太阳(译). 习惯心理学. 科学出版社,2011.
14. 陈令闻. 心灵鸡汤. 地震出版社,2012.